Mohan Raj V.
Chaya M. David
Ramnarayan B. K.

Genes e câncer bucal

Mohan Raj V.
Chaya M. David
Ramnarayan B. K.

Genes e câncer bucal

ScienciaScripts

Cover image: www.ingimage.com

This book is a translation from the original published under ISBN 978-620-8-42304-9.

Publisher:
Sciencia Scripts
is a trademark of
Dodo Books Indian Ocean Ltd. and OmniScriptum S.R.L publishing group

120 High Road, East Finchley, London, N2 9ED, United Kingdom
Str. Armeneasca 28/1, office 1, Chisinau MD-2012, Republic of Moldova, Europe
Managing Directors: Ieva Konstantinova, Victoria Ursu
info@omniscriptum.com

Printed at: see last page
ISBN: 978-620-8-61485-0

GENES E CANCRO ORAL

RESUMO

A carcinogénese é um processo complexo, com várias etapas, em que os eventos genéticos das vias de transdução de sinal que regem a fisiologia celular normal são quantitativamente alterados. A base genética do cancro está agora bem estabelecida. Em condições normais, estas vias excitatórias e inibitórias rigorosamente controladas regulam a biologia dos queratinócitos orais. Os factores genéticos, como os oncogenes, os genes supressores de tumores e os genes reguladores, são identificados como estando envolvidos na carcinogénese oral de forma dependente e independente dos factores de risco. Os MiRNAs e o oncogene Ras são um dos mais frequentemente desregulados geneticamente no cancro oral. A terapia genética para o cancro representa a maioria dos ensaios clínicos de terapia genética. Os alvos incluem a substituição de genes supressores de tumores, "genes suicidas" para ativar pró-fármacos, terapia genética antiangiogénica, transferência genética baseada em citocinas.

PALAVRAS-CHAVE: ADN, ARN, Exão, Intrões, Oncogene, MiRNAs, Ras, Myc, Genómica.

Índice

1. ABREVIATURAS 3

2. OBJECTIVOS E FINALIDADE: 6

3. INTRODUÇÃO 7

4. GENÉTICA HUMANA 10

5. CITOGENÉTICA DO CANCRO ORAL HUMANO 36

6. ONCOGENES IMPLICADOS NO CANCRO ORAL 52

7. MICRO RNAS E RAS ONCOGENES NO CANCRO ORAL 77

8. FACTORES CELULARES NO CANCRO ORAL 89

9. GENES SUPRESSORES DE TUMOR NO CANCRO ORAL 110

10. APLICAÇÕES DA GENÓMICA E DA GENÓMICA SALIVAR NO CANCRO ORAL 115

11. RESUMO 125

12. CONCLUSÃO 129

13. BIBLIOGRAFIA 131

1. ABREVIATURAS

S. No.	ABBREVIATIONS	FULL FORM
1	DNA	Deoxyribonucleic acid
2	RNA	Ribonucleic acid
3	mRNA	Messenger Ribonucleic acid
4	FISH	Fluorescence in situ hybridization
5	CMA	Chromosomal microarray analysis
6	CGH	Comparative genomic hybridization
7	MAPH	Multiplex amplifiable probe hybridization
8	MLPA	Multiplex ligation- dependent probe amplification
9	Q-PCR	Quantitative polymerase chain reaction
10	CIS	carcinoma in situ
11	TSG	tumour suppressor gene
12	G-banding	Giemsa banding
13	v-Myc	Myelocytomatosis viral oncogene
14	SKY	Spectral karyotyping
15	aCGH	Array based Comparative genomic hybridization
16	NOR	Nucleolus Organizer Region
17	HNSCC	Head and neck squamous cell carcinoma

18	C-onc	Cellular oncogenes
19	P-onc	Proto-oncogenes
20	EGF	Epidermal growth factor
21	PDGF	Platelet derived growth factor
22	TGFs	Tumour growth factors
23	GTP	Guanosine triphosphate
24	PIP2	Phosphitidylinositol biphosphate
25	DG	Diacylglycerol
26	M-CSF	Macrophage colony stimulating factor
27	t-DNA	Transforming deoxyribonucleic acid
28	HATs	Histone acetyltransferases
29	Ras	Rat sarcoma oncogene
30	TERT	Telomerase reverse transcriptase
31	MEFs	Murine embryonic fibroblasts
32	MiRNAs	Micro ribonucleic acid
33	OSCC	Oral squamous cell carcinoma
34	LSCC	Larynx squamous cell carcinoma
35	ASO	Antisense oligo nucleotide
36	SNPs	Single nucleotide polymorphisms

37	K Ras	Kristen rat sarcoma viral oncogene
38	H Ras	Harvey rat sarcoma viral oncogene
39	NGF	Nerve growth factor
40	IGF-1	Insulin-like growth factor 1
41	TGFO	Transforming growth factor
42	TNF	Tumour necrosis factor
43	MMPs	Matrix metalloproteases
44	HGF	Hepatocyte growth factor
45	EGFR	Epidermal Growth Factor Receptor
46	MAPK	Mitogen-activated protein kinase
47	STATs	Signal transducers and activators of transcription
48	AP-1	Activator protein-1
49	NF-kB	Nuclear factor-kappa B
50	ΔNp63	DeltaNp63
51	VEGF	Vascular endothelial growth factor
52	IL	Interleukin

2. OBJECTIVOS E FINALIDADE:

Esta dissertação de biblioteca tem como objetivo rever os genes envolvidos na carcinogénese oral e a sua utilização na terapia genética.

3. INTRODUÇÃO

Os cancros orais têm sido uma das principais causas de morte, especialmente nos países em desenvolvimento. A principal razão para esta elevada mortalidade e morbilidade é atribuída ao atraso no diagnóstico e no tratamento imediato. A investigação incessante no domínio da oncologia conduziu ao advento de novos procedimentos para a deteção precoce dos cancros orais. A biologia molecular é altamente promissora neste domínio. Os estudos moleculares servem de base para podermos, a prazo, não só aumentar a avaliação clínica e a classificação das lesões orais, mas também prever o potencial maligno das lesões orais, reduzindo assim a incidência e aumentando as possibilidades de diagnóstico e tratamento precoces dos cancros orais[1].

A carcinogénese é um processo complexo, com várias etapas, em que os eventos genéticos nas vias de transdução de sinal que regem a fisiologia celular normal são quantitativamente alterados. A base genética do cancro está agora bem estabelecida. Em condições normais, estas vias excitatórias e inibitórias rigorosamente controladas regulam a biologia dos queratinócitos orais. As funções celulares básicas sob estes controlos incluem a divisão celular, a diferenciação, a senescência e a adesão. Estas vias reguladoras são compostas por ligandos extracelulares que se ligam a receptores de superfície celular para gerar sinais intracelulares enviados através de mensageiros secundários. Estes sinais alteram diretamente a função celular ou estimulam a transcrição de genes cujas proteínas produzem alterações. O cancro é o resultado de uma acumulação de alterações nas vias celulares excitatórias e inibitórias, que podem ocorrer a qualquer nível de uma determinada via. Estima-se que são necessárias três a seis mutações somáticas para transformar uma célula normal numa célula maligna. À medida que a célula acumula estas alterações ou mutações, torna-se funcionalmente independente do epitélio oral circundante, constituído por funções celulares normais rigorosamente controladas por estas vias reguladoras, que são subvertidas nas células tumorais, aumentando assim a capacidade de proliferação, estimulando a neovascularização e crescendo através da invasão local ou da metastização para locais distantes. Pensa-se que a progressão histológica da carcinogénese oral reflecte a acumulação destas alterações. [1]

O carcinoma oral de células escamosas (OSCC) da cabeça e do pescoço está associado a uma elevada morbilidade e mortalidade tanto nos países ocidentais como nos asiáticos. Estão bem estabelecidos vários factores de risco para o desenvolvimento do cancro oral, incluindo o hábito de mascar tabaco, a betel quid, o tabagismo, o consumo de álcool e a infeção pelo vírus do papiloma humano (HPV). Para além destes factores de risco, muitos factores genéticos, como oncogenes, genes supressores de tumores e genes reguladores, estão identificados como estando envolvidos na carcinogénese oral de forma dependente e independente destes factores de risco. Ras é um dos oncogenes mais frequentemente desregulados geneticamente no cancro oral[2].

A aplicação da genómica e o conhecimento da sequência do genoma humano inspiraram numerosas disciplinas da genómica, tais como a proteómica, a epigenómica, a transcriptómica, a glicómica e a metabolómica, que nos permitem compreender as vias de sinalização da célula e, deste modo, fornecer informações valiosas sobre a patogénese das doenças, levando à identificação de novos prognosticadores, marcadores de diagnóstico e alvos terapêuticos.[3]

4. GENÉTICA HUMANA

As células são as unidades estruturais e funcionais básicas de todos os organismos vivos. O número total de células de um corpo humano varia muito, chegando a atingir 10^{14} em número. O núcleo da célula é uma das partes mais importantes da estrutura celular (Fig.1). O tamanho do núcleo normal é muito variável, dependendo do tipo de célula subjacente. Em muitas células malignas, os núcleos estão consideravelmente aumentados. Para além do tamanho do núcleo, a densidade da cromatina, a membrana nuclear e a presença de nucléolos são caraterísticas importantes da morfologia nuclear. O núcleo contém o ADN genómico, histonas e várias proteínas que são responsáveis pela replicação, reparação e transcrição da informação genética do ADN (Fig. 2). O núcleo contém cerca de 25% de substância seca, dos quais 18% são ADN, mais uma quantidade semelhante de proteínas histónicas. O resto da substância seca contém as proteínas não-histonas, os nucléolos e a membrana nuclear.[4]

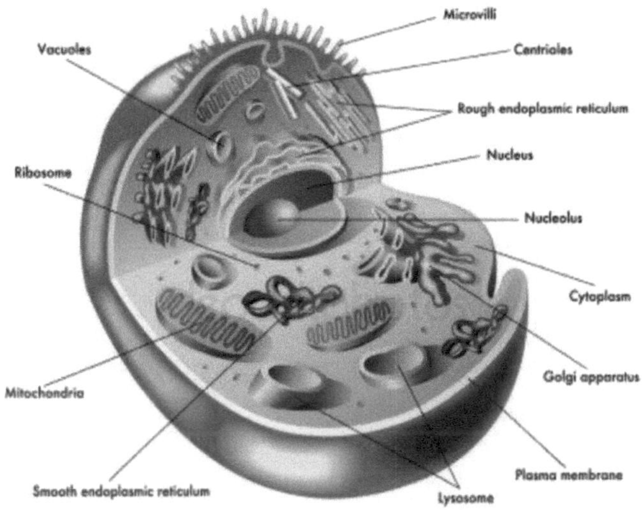

Figura:1 Estrutura da célula

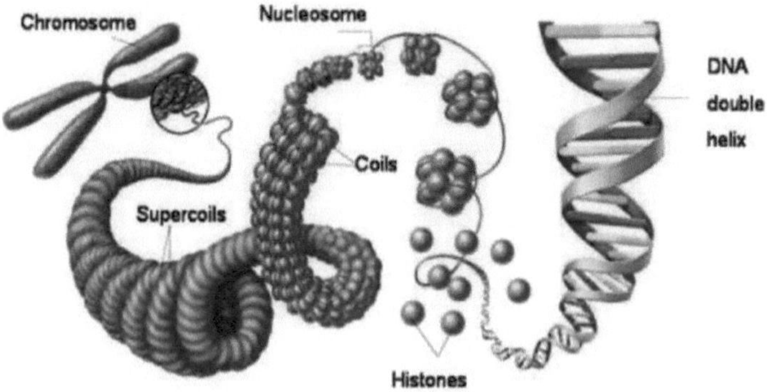

Figura 2: Cromossoma, nucleossoma, histonas, ADN

ADN E CROMOSSOMA

ADN. A informação genética dos organismos está codificada no ácido desoxirribonucleico (ADN). O ADN é uma longa extensão de nucleótidos simples que estão ligados por uma espinha dorsal de açúcar-fosfato. A informação genética é armazenada em sequências específicas constituídas por quatro bases diferentes: adenina, guanina, timina e citosina (A, G, T, C). Um tripleto de bases codifica um aminoácido que constitui o componente básico das proteínas. Embora, em princípio, o código do tripleto permita 64 variações diferentes, existem apenas 20 aminoácidos que constroem as proteínas. Muitos aminoácidos são codificados por múltiplos tripletos de bases. O código genético é degenerado, tolerando assim, até certo ponto, erros na sequência de bases. Dois trechos de DNA são combinados como uma dupla hélice, uma volta completa é alcançada após 10 bases. Os trechos de ADN não estão ligados covalentemente, mas sim através de ligações de hidrogénio entre as bases complementares A-T e C-G. O ADN é uma molécula muito robusta e estável, uma vez que tem de proteger o código genético de um organismo. A informação genética é transferida para os ribossomas (a maquinaria de produção de proteínas) pelo ácido ribonucleico (ARN), que tem três caraterísticas importantes diferentes do ADN: O ARN baseia-se numa espinha dorsal de ribose, contém uracilo em vez de timidina e é geralmente de cadeia simples. Comparado com o ADN, o ARN é uma molécula bastante instável.

O ADN total de uma célula está separado em cromossomas. No total, existem 22 cromossomas diferentes e dois cromossomas sexuais. Os cromossomas variam em tamanho e no conteúdo das sequências codificantes; são numerados por ordem decrescente do seu tamanho. Durante a metáfase da mitose, os cromossomas condensam-se e podem ser identificados à microscopia ótica. Nas células transcricionalmente activas, o ADN é descondensado e preenche completamente o núcleo. Quando os cromossomas metafásicos são corados com Giemsa, observa-se um padrão heterogéneo de regiões com forte coloração (bandas G) e regiões sem coloração (bandas R). As bandas R contêm mais genes do que as bandas G e são replicadas no início da divisão celular. O padrão de bandas dos cromossomas tem sido utilizado para determinar regiões cromossómicas, indicando o número do cromossoma, a posição em relação ao centrossoma (p = braço curto, q = braço longo) e a posição da banda cromossómica (por exemplo, 3q26). No total, o genoma humano é constituído por cerca de 3,2 mil milhões de bases, que codificam aproximadamente 25 000 genes[4].

Proteínas nucleares.

As histonas são proteínas básicas que formam um andaime para o ADN. O complexo de histonas do ADN é chamado nucleossoma (Fig.2). No nucleossoma, 146 pares de bases (pb) estão enrolados em torno de diferentes subunidades de histonas. A principal função do nucleossoma é o empacotamento de alta densidade do ADN dentro do núcleo, levando a um aumento de 50.000 vezes na compactação do ADN em comparação com o ADN não empacotado.[4]

WATSON E CRICK: A ESTRUTURA DO DNA

O grande avanço no estudo dos ácidos nucleicos ocorreu em 1953, quando *James Watson* e *Francis Crick* (Fig.3) deduziram como os nucleótidos se organizam no ADN. Watson e Crick sabiam que os nucleótidos estão ligados, uns aos outros, numa cadeia. As ligações são formadas por interações químicas entre o fosfato de um nucleótido e o açúcar de outro nucleótido. As bases azotadas não participam nestas interações. Assim, uma cadeia de nucleótidos é constituída por uma espinha dorsal de fosfato-açúcar à qual estão ligadas bases, uma base a cada açúcar da espinha dorsal. De uma ponta à outra da cadeia, as bases formam uma sequência linear caraterística dessa cadeia específica. Esta sequência de bases é o que distingue um gene de outro. Watson e Crick propuseram que as moléculas de ADN são constituídas por duas cadeias de nucleótidos (Fig.3). Estas cadeias são mantidas juntas por atracções químicas fracas - chamadas ligações de hidrogénio - entre pares de bases específicos; A emparelha com T e G emparelha com C. Devido a estas regras de emparelhamento de bases, a sequência de uma cadeia de nucleótidos numa molécula de ADN de cadeia dupla pode ser prevista a partir da sequência da outra. Neste sentido, as duas cadeias de uma molécula de ADN são complementares.

Uma molécula de ADN de cadeia dupla é frequentemente designada por duplex. Watson e Crick descobriram que as duas cadeias de um duplex de ADN estão enroladas uma à volta da outra numa configuração helicoidal (Fig. 3). Estas moléculas helicoidais podem ser extraordinariamente grandes. Algumas contêm centenas de milhões de pares de nucleótidos, e o seu comprimento de ponta a ponta excede os 10 centímetros.[5]

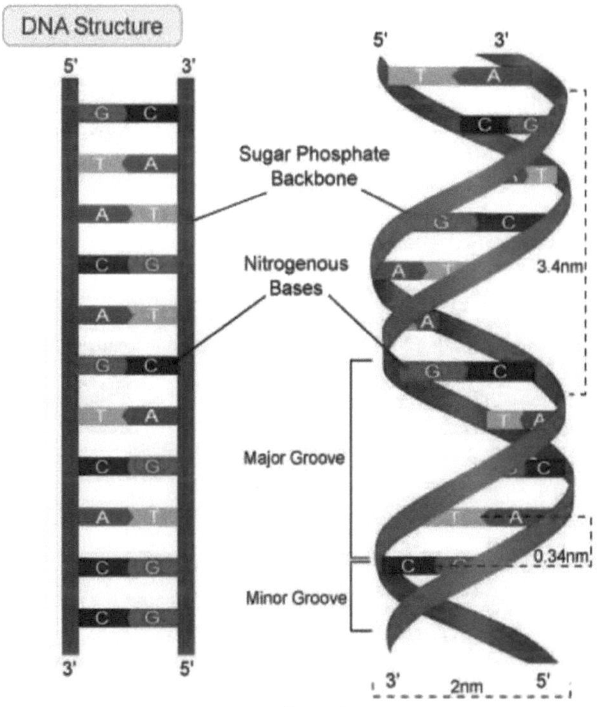

Figura.3

O ARN, tal como o ADN, é constituído por nucleótidos ligados entre si numa cadeia. No entanto, ao contrário do ADN, as moléculas de ARN são normalmente de cadeia simples. Os genes da maioria dos organismos são compostos por ADN, embora em alguns vírus sejam feitos de ARN.[5]

Os genes e o genoma humano

A palavra "gene" foi cunhada por Wilhelm Johannsen em 1909, mas o conceito moderno de gene teve origem em Gregor Mendel.[6] Um gene é tipicamente definido como uma região do ADN que controla uma caraterística discreta e hereditária e, como tal, especifica normalmente a produção de um produto funcional (uma proteína ou molécula de ARN).[7]

O genoma - o conteúdo total de ADN da célula - contém as instruções para a vida celular. No genoma, grande parte da informação crítica encontra-se em regiões discretas designadas por genes. Estas regiões são frequentemente designadas por regiões codificadoras e reguladoras, respetivamente. O comprimento dos genes pode variar de menos de 100 nucleótidos para certos ARN funcionais, por exemplo, a 2,4 milhões de nucleótidos para o gene da distrofina humana (que é defeituoso nas distrofias musculares).[7] A grande quantidade de ADN que constitui o genoma tem de ser empacotada de uma forma organizada que facilite os vários eventos-chave na vida de uma célula, incluindo a replicação do ADN e a expressão dos genes. Os genes individuais estão dispostos numa matriz linear, densamente ou menos densamente embalados com espaçadores de ADN intergénico (segmentos de ADN entre os próprios genes). Todo este ADN genómico é empacotado em uma ou mais unidades funcionais chamadas cromossomas.[7]

Função do gene

O princípio básico da genética molecular - frequentemente referido como o dogma central - é que o ADN codifica o ARN, que por sua vez codifica a sequência de aminoácidos das proteínas. Grande parte da sequência de ADN não codifica proteínas. Uma grande parte do genoma é constituída por sequências não codificantes, como ADN repetido, ou codifica ARN que não é traduzido em proteínas.[8] No entanto, o dogma central continua a ser um princípio crítico da função do genoma. O fluxo de informação do DNA para o RNA e para a proteína.[8]

Transcrição

O processo de copiar a sequência de ADN de um gene para o ARN mensageiro (ARNm) é designado por transcrição. Alguns genes são expressos de forma quase ubíqua. Estes são designados por genes de manutenção (housekeeping genes). Incluem genes necessários para a replicação celular ou para o metabolismo. Para outros genes, a expressão é rigidamente controlada, com genes específicos sendo ativados ou desativados em células específicas em momentos específicos do desenvolvimento ou em resposta a sinais fisiológicos.[8]

A expressão dos genes é regulada por proteínas que se ligam ao ADN e que activam ou reprimem a transcrição. A anatomia dos elementos que regulam a transcrição de genes é mostrada na (Figura.4) A região promotora é imediatamente adjacente ao local de início da transcrição, geralmente dentro de 100 pares de bases. A maioria dos promotores inclui uma sequência de bases T e A denominada TATA box. Em alguns casos, podem existir múltiplos promotores alternativos em diferentes locais de um gene que respondem a factores reguladores em diferentes tecidos. As sequências reguladoras podem ocorrer adjacentes ao promotor ou podem estar localizadas a milhares de pares de bases de distância. Essas seqüências regulatórias localizadas a distância são conhecidas como enhancers.[8]

A sequência de bases no ADN também fornece o código que determina a estrutura das proteínas. As proteínas são constituídas por cadeias de aminoácidos. A ordenação específica dos aminoácidos determina as propriedades únicas de cada proteína. A sequência de aminoácidos de uma proteína é determinada pela sequência de bases no trecho de ADN que codifica a proteína. Cada aminoácido é representado no ADN por um tripleto de bases (codão). Este código genético é mais ou menos universal para todos os organismos. A sequência de bases de uma cadeia de ADN é copiada para um ARN complementar (ARNm), que por sua vez é traduzido no ribossoma em proteínas (Fig.4)

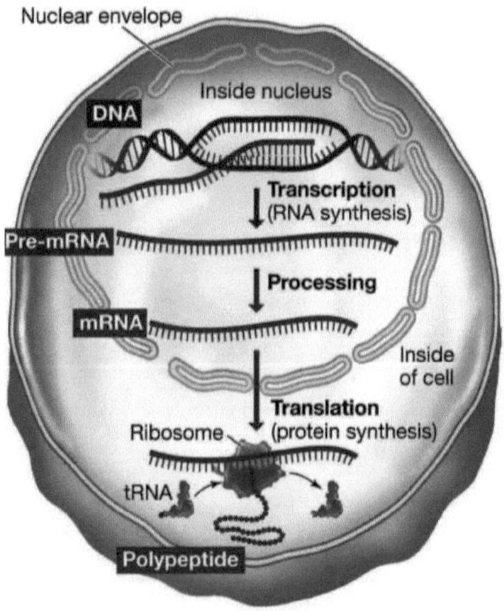

Fig.4: A informação genética contida no ADN é copiada para uma cadeia de ARNm. Os intrões são removidos da mensagem e os exões são unidos, e depois o ARNm maduro é exportado para o citoplasma. O péptido é então sintetizado nos

ribossomas que se ligam ao ARNm.[8]

O processo de copiar a sequência de ADN de um gene para ARN mensageiro (ARNm) é designado por transcrição (Fig.5 e Fig.6). A expressão dos genes é rigorosamente controlada, sendo determinados genes activados ou desactivados em determinadas células em momentos específicos do desenvolvimento ou em resposta a sinais fisiológicos. O controlo da transcrição é afetado pela ligação de proteínas repressoras ou activadoras a uma região imediatamente antes da sequência codificadora do gene, a sequência promotora. Outras sequências de ADN, denominadas potenciadores, funcionam a maior distância para descompactar o ADN numa região e aumentar a taxa de transcrição.[9]

Figura:5

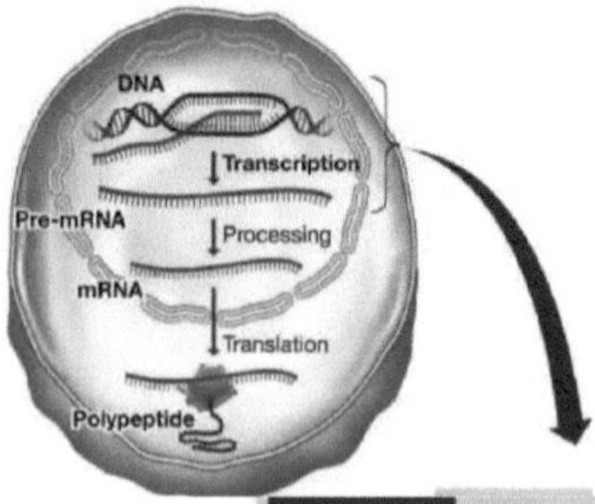

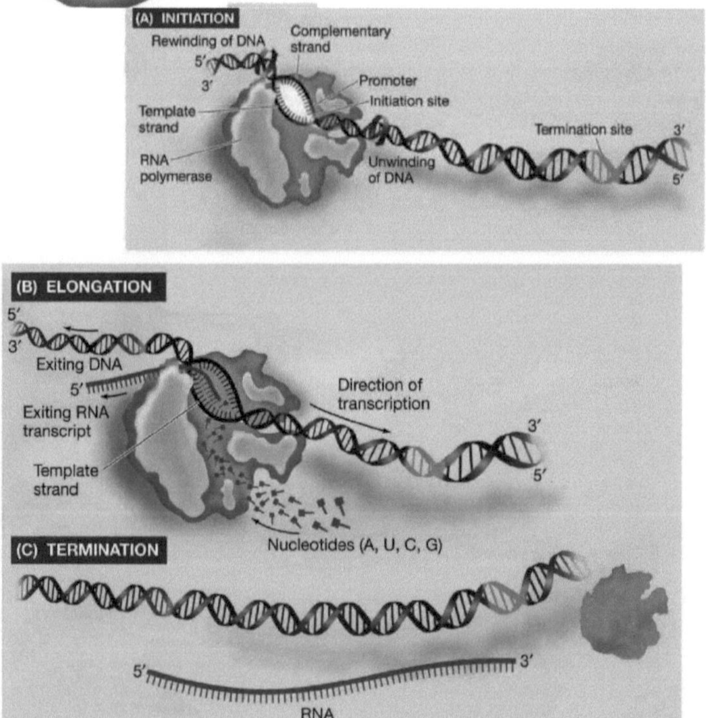

Figura:6

A ligação de um ativador transcricional apropriado resulta na abertura parcial do molde de ADN no início do gene e na ligação da enzima ARN polimerase. A polimerase lê a seqüência da fita molde, copiando uma molécula de RNA complementar que cresce da direção 59 para a 39. O mRNA resultante é uma cópia exacta da sequência de ADN, exceto que a uridina toma o lugar da timidina no ARN. Logo após o início da transcrição, um resíduo de 7-metil guanina é ligado ao 59 da maioria das bases, formando o "cap". A transcrição prossegue através de toda a sequência codificadora. Alguns genes incluem uma sequência perto da extremidade 39 que sinaliza a clivagem nesse local e a adição enzimática de 100-200 bases de adenina, a cauda poli-A. A poliadenilação é caraterística dos chamados "genes de manutenção" que são expressos na maioria dos tipos de células. A capa 59 e a cauda poli-A parecem funcionar para estabilizar a molécula de ARNm e facilitar a sua exportação para o citoplasma.[9]

A sequência de ADN de um gene excede normalmente em muito o comprimento necessário para codificar a proteína correspondente. Isto é explicado pelo facto de a sequência codificadora estar dividida em segmentos chamados exões, que são interrompidos por outros segmentos chamados intrões (Fig.7). Alguns exões podem ter apenas uma centena de bases de comprimento, enquanto os intrões podem ter vários milhares de bases de comprimento. Assim, grande parte do comprimento de um gene pode ser dedicado a intrões não codificantes. O número de exões de um gene pode ser apenas um ou dois ou pode chegar às dezenas. O processamento do ARN transcrito em ARNm maduro requer a remoção dos intrões e a junção dos exões. Isso é realizado por um processo enzimático que ocorre no núcleo. A extremidade 59 de um intrão é sempre constituída pelas duas bases GU, seguindo-se uma sequência de consenso que é semelhante mas não idêntica em todos os intrões. Este é o dador de splice. A extremidade 39, o aceitador do splice, termina em AG, precedido por uma sequência de consenso. Para cada intrão, a junção é iniciada no local do aceitador, onde a molécula de ARN é cortada e a extremidade 39 do intrão se liga a um resíduo A interno, formando uma estrutura em forma de lariat. Um corte é então feito no dador de splice e os exões que flanqueiam o intrão são então ligados uns aos outros.[9]

O processo de splicing do ARN oferece outro ponto de controlo da expressão genética. Sob a influência de moléculas de controlo presentes em determinadas células, exões específicos podem ser incluídos ou não no ARNm devido a um splicing diferencial. Isto resulta na possibilidade de produzir múltiplas proteínas diferentes a partir do mesmo gene, aumentando consideravelmente a diversidade de proteínas codificadas no genoma. Exões específicos podem corresponder a domínios funcionais particulares de proteínas, levando à produção de múltiplas proteínas com funções diversas a partir do mesmo gene.[9]

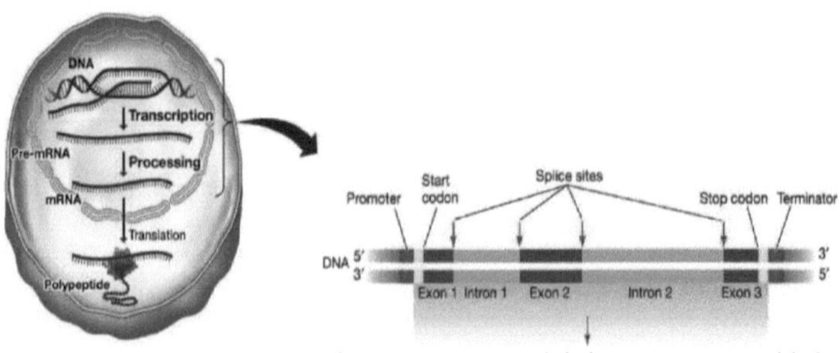

Fig.7: Esta mensagem é constituída por três exões e dois intrões. A extremidade 59 de um intrão inclui uma sequência GU (o dador de splice) e a extremidade 39 uma

AG (o aceitador de splice). Os intrões são excisados da mensagem para formar estruturas semelhantes a lariões, e os exões são ligados entre si para formar o mRNA maduro.[8]

O ARNm maduro é exportado para o citoplasma para ser traduzido em proteína. Durante a tradução, a sequência do ARNm é lida para a sequência de aminoácidos de uma proteína. A maquinaria de tradução é constituída por um complexo proteína-RNA chamado ribossoma. A sequência é lida em tripletos, chamados códons, começando na extremidade 59 do mRNA, que é sempre AUG, codificando metionina (embora muitas vezes este resíduo de metionina seja posteriormente clivado). Cada códão corresponde a um anticódão complementar específico que faz parte de uma outra molécula de ARN chamada ARN de transferência (ARNt). As moléculas de ARNt ligam aminoácidos específicos definidos pela sua sequência de anticódões. A tradução das proteínas consiste, portanto, na ligação de um ARNt específico ao códão apropriado, que justapõe o aminoácido seguinte no péptido em crescimento, que é ligado enzimaticamente ao péptido por uma ligação amida. O processo termina quando é atingido um códão de paragem (UAA, UGA ou UAG). O péptido é então libertado do ribossoma para ser transportado para o local apropriado dentro da célula ou para ser segregado da célula. As modificações pós-traducionais, como a glicosilação, começam durante o processo de tradução e continuam após a conclusão da tradução. As sequências de aminoácidos específicas determinam o tráfego do péptido no interior da célula, orientando-o para processamento e transporte posteriores.[9]

Mutação genética

As propriedades de uma proteína são determinadas pela sua sequência de aminoácidos, que por sua vez é determinada pela sequência de bases do gene que a codifica. As alterações na sequência de codificação do ADN são designadas por mutações. As mutações podem levar a uma falha completa da expressão de um gene, a uma regulação aberrante ou a uma função anormal dos produtos proteicos do gene.[9]

As mutações podem ser classificadas quer pela natureza da alteração na sequência de codificação do ADN, quer pelo impacto da alteração na expressão genética. As alterações da sequência de ADN consistem em delecções, inserções, rearranjos ou alterações de base única (Fig. 8). As deleções podem estender-se por grandes regiões, abrangendo um gene inteiro ou mesmo um grupo de genes, ou podem ser tão pequenas como uma única base.[9]

As inserções também podem consistir em grandes extensões de ADN (normalmente várias centenas de pares de bases, por vezes mais) ou podem ser tão pequenas como uma base. Outros rearranjos incluem inversões ou translocações (ligação de uma região cromossómica a outra). A deleção de um gene inteiro resulta obviamente na falta de expressão desse alelo. As deleções intragénicas mais pequenas podem resultar na ausência de um determinado exão ou de um grupo contíguo de exões. A deleção de bases dentro de um exon leva à perda de um ou mais aminoácidos da proteína se a deleção for de um múltiplo integral de três bases (lembre-se que os aminoácidos são codificados por tripletos de bases).[9]

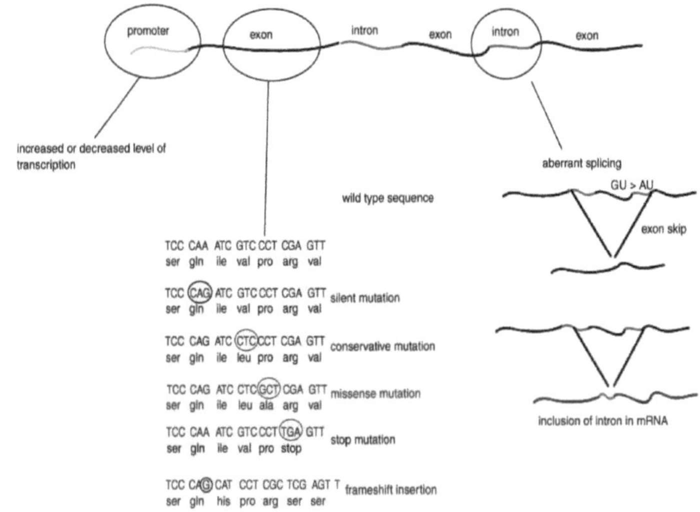

Fig.8: As mutações podem ocorrer em qualquer parte do comprimento de um gene. As mutações na sequência promotora podem levar a um aumento ou diminuição dos níveis de transcrição do gene. As mutações nos exões incluem uma variedade de tipos de alterações. Uma alteração na sequência de bases que não altera o aminoácido codificado é uma mutação silenciosa. Se a alteração leva à substituição de um aminoácido com propriedades químicas semelhantes, a mutação é conservadora. Uma mutação missense leva à substituição de um aminoácido que pode alterar as propriedades químicas da proteína. Se a mutação alterar um codão para um sinal de terminação de cadeia, ocorre a terminação prematura da tradução da proteína. A inserção ou deleção de um número de bases que não seja um múltiplo integral de 3 leva a um desvio de estrutura e, geralmente, ao término prematuro da tradução. As mutações nas sequências doadoras ou aceitadoras de splice podem levar ao salto de exões ou à inclusão de alguma sequência de intrões na mensagem

final processada.[9]

A supressão de qualquer outro número de bases provoca um "frameshift", alterando o agrupamento de tripletos de bases para formar códons. A sequência de aminoácidos é radicalmente alterada e, normalmente, um códon de parada é encontrado logo em seguida, levando ao término prematuro da tradução. Muitas vezes, o péptido truncado é inativo e é degradado na célula, pelo que as mutações de frameshift resultam normalmente na ausência de expressão da proteína. O impacto das inserções é semelhante ao das deleções: a inserção de múltiplos integrais de três bases leva à inserção de aminoácidos adicionais, enquanto a inserção de um múltiplo não-integral de três leva a um frameshift.[9]

As alterações de uma única base podem afetar a proteína de forma subtil ou mais radical. Nalguns casos, o codão alterado codifica o mesmo aminoácido que o original (muitos aminoácidos são codificados por vários codões), o que se designa por mutação silenciosa. Outras mutações provocam a inserção de um aminoácido incorreto na proteína. Se o aminoácido substituído tiver propriedades químicas semelhantes às do aminoácido original, diz-se que a mutação é conservadora. O impacto na função da proteína pode ser negligenciável ou a alteração pode ser compatível com algum grau de função. Em alternativa, a alteração pode resultar numa perturbação importante da função da proteína, incluindo a perda completa da função, ou, inversamente, um ganho aberrante de função. Finalmente, uma alteração de base pode converter um códon de aminoácido num códon de paragem, resultando na terminação prematura da tradução da proteína e consequente falta de expressão.[9]

Para além de envolverem a sequência codificante, as mutações podem também ocorrer em regiões reguladoras ou no interior de intrões, estes últimos perturbando o processo de splicing. As mutações reguladoras podem levar à perda do controlo transcricional e a falhas na repressão ou à ativação inadequada de um gene. As mutações nas regiões doadoras ou aceitadoras do intrão levam à não ocorrência de um splice (levando ao exon skipping) ou à inclusão de alguma sequência do intrão (se uma sequência semelhante à doadora ou aceitadora ocorrer dentro do intrão), o que tem o impacto funcional de uma inserção e geralmente resulta num códon de paragem ou num frameshift.[9]

Padrões de transmissão genética

Um indivíduo herda duas cópias de cada gene (exceto os transportados nos cromossomas sexuais), uma cópia de cada progenitor. As cópias de um determinado gene são chamadas alelos. O par específico de alelos num locus constitui o genótipo, e a caraterística física resultante é o fenótipo. Cada célula humana contém 46 cromossomas, incluindo 22 pares de cromossomas não sexuais e dois cromossomas sexuais (XX nas mulheres e XY nos homens).

Transmissão de um único gene

Uma caraterística recessiva é expressa apenas em indivíduos que herdam um alelo mutante de ambos os pais (Fig.9). Este indivíduo é considerado homozigótico, enquanto os pais são portadores heterozigóticos. Os portadores não expressam a caraterística porque o alelo não mutante é dominante. Dois pais portadores têm uma hipótese em quatro de que qualquer um dos seus descendentes seja homozigótico.

Em contraste, uma caraterística dominante é expressa tanto no estado heterozigótico como no homozigótico (Fig. 10). Um indivíduo heterozigótico afetado tem 50% de hipóteses de transmitir o alelo mutante a qualquer descendência. Se a mutação for rara, a maioria dos afectados será heterozigótica e não homozigótica. Além disso, muitos dos traços dominantes de importância médica são letais quando homozigotos.

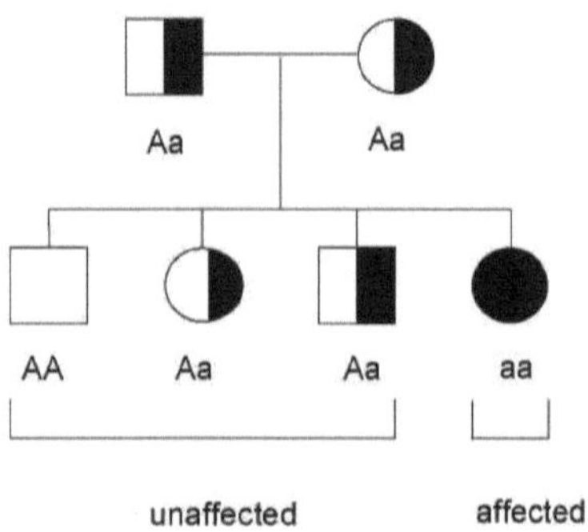

Fig.9: Para uma caraterística autossómica recessiva, um indivíduo afetado tem de ser homozigótico para o gene mutante (designado aqui como genótipo "aa"). Os pais são portadores heterozigóticos ("Aa") mas não expressam o fenótipo.[9]

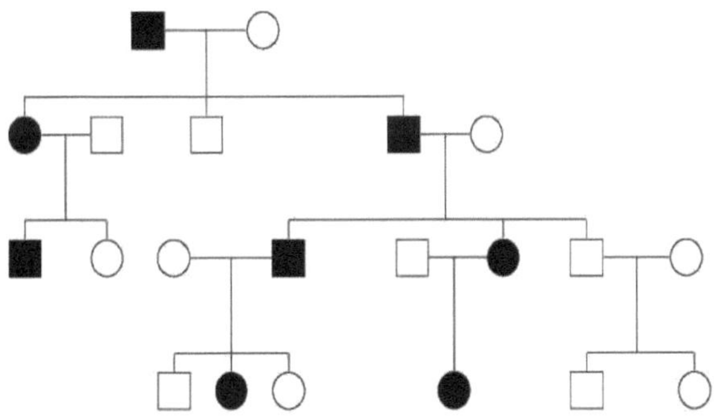

Fig:10. Uma caraterística autossómica dominante é transmitida de geração em geração. Os machos ou as fêmeas podem transmitir a caraterística a ambos os sexos. Um indivíduo afetado tem 50% de hipóteses de transmitir o alelo mutante ou não mutante a qualquer descendência.

Uma caraterística ligada ao X é transmitida pelas fêmeas a metade dos seus descendentes, mas um macho transmite o gene a todas as suas filhas, mas a nenhum dos seus filhos (Fig. 11). As caraterísticas recessivas ligadas ao X tendem a ser expressas nos homens, que têm apenas um cromossoma X. Nas fêmeas, a maioria dos genes de um dos dois cromossomas X são inactivados em cada célula no início do desenvolvimento, pelo que uma fêmea é uma espécie de "mosaico", com células que expressam um ou outro X. Embora a escolha do X a inativar seja aleatória em qualquer célula, há casos raros em que ocorre uma inativação não aleatória, tornando possível que uma fêmea expresse uma caraterística recessiva ligada ao X. Isto também pode ocorrer se a mulher tiver apenas um cromossoma X (síndrome de Turner). As caraterísticas dominantes ligadas ao X podem afetar machos e fêmeas; algumas são letais nos machos e, por isso, só são observadas em fêmeas.

As mutações que causam doenças recessivas são, na maioria das vezes, alterações de perda de função, como mutações de paragem, frameshifts ou mutações missense que prejudicam significativamente a função da proteína. Este padrão de hereditariedade é especialmente comum em deficiências enzimáticas como a fenilcetonúria (PKU). Devido à natureza catalítica das enzimas, a perda de 50% da atividade enzimática num portador

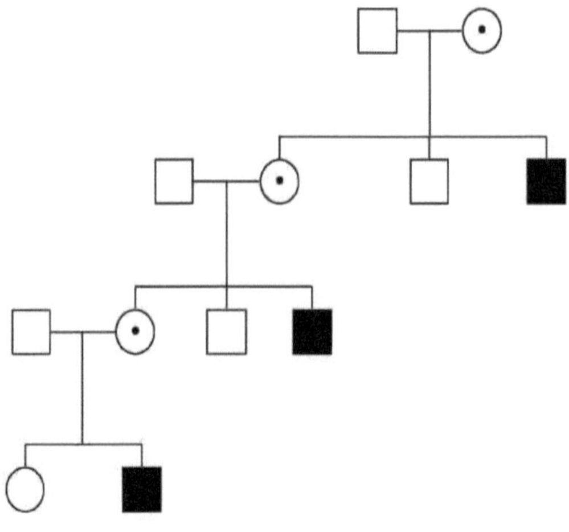

Fig.11: Uma caraterística recessiva ligada ao X é transmitida de uma fêmea portadora para aproximadamente 50% da sua descendência, mas apenas os machos hemizigotos expressam a caraterística.

é bem tolerada. A perda completa da função, no entanto, interrompe a reação e leva à acumulação de substrato e à deficiência de produto. As mutações que causam caraterísticas dominantes tendem a ser mais diversas. Algumas são causadas por perda de função, indicando que o sistema é sensível a uma redução de 50% na quantidade de produto do gene . Outras são causadas por ganho de função, mutações em que a proteína está ativa em momentos e locais onde não deveria estar ou tem níveis de atividade aumentados. Apenas um único alelo precisa de ser ativado desta forma, o que explica a dominância.[9]

Os indivíduos com um genótipo mutante nem sempre expressam o fenótipo. A falta de expressão é designada por não-penetrância. Por vezes, a doença só aparece com o passar do tempo, caso em que se diz que a penetrância é dependente da idade. A não penetrância pode ser inferida quando uma doença dominante salta uma geração - uma criança afetada tem um avô afetado, mas o progenitor não é afetado (e, portanto, não é penetrante). Os traços genéticos também podem apresentar expressividade variável, definida como diferenças no grau ou na qualidade da expressão de um fenótipo específico. Algumas caraterísticas apresentam uma tendência para se tornarem mais graves em cada geração, um fenómeno designado por antecipação. Estas caraterísticas tendem a ser doenças neurológicas causadas por expansões de repetições triplas. Os genes para estas doenças incluem uma série de repetições múltiplas de um tripleto específico de bases de ADN (por exemplo, CAGCAGCAG...). As mutações consistem num número de repetições superior ao normal. As sequências longas e repetitivas são instáveis durante a replicação do ADN e tendem a expandir-se, de modo que a descendência tem uma série de repetições mais longa do que o progenitor. A antecipação é explicada pelo facto de quanto maior for o tamanho da repetição, mais grave é a doença e maior é a probabilidade de a repetição se expandir ainda mais na geração seguinte.[9]

Duas descobertas recentes adicionais sobre a transmissão genética são o imprinting e a herança mitocondrial. O imprinting refere-se à expressão diferencial de alelos maternos e paternos para um determinado gene. Um pequeno número de genes está sujeito ao imprinting. Se uma mutação num gene impresso produz uma mudança fenotípica depende se ela ocorre numa cópia de um gene impresso que foi herdado do progenitor cujo alelo é expresso na descendência.[9]

A base da herança mitocondrial é o facto de cada mitocôndria conter centenas de cópias de uma molécula de ADN circular de cadeia dupla. Este DNA codifica 13 das proteínas envolvidas na fosforilação oxidativa e um conjunto completo de tRNAs e RNAs ribossómicos. As mutações no ADN mitocondrial apresentam-se como uma falha no metabolismo energético. Praticamente todas as mitocôndrias do zigoto são de origem materna, pelo que as mutações no ADN mitocondrial tendem a ser herdadas da mãe (Fig.12). Também pode haver uma mistura de ADN mitocondrial normal e mutante na mesma célula, um fenómeno conhecido como heteroplasmia, e as mitocôndrias segregam passivamente para as células filhas na mitose e meiose. Isto pode levar a múltiplas populações de células com várias proporções de DNA mitocondrial mutante e selvagem, levando a diferenças na expressão de uma caraterística mitocondrial em diferentes tecidos ou em membros individuais da mesma família.[9]

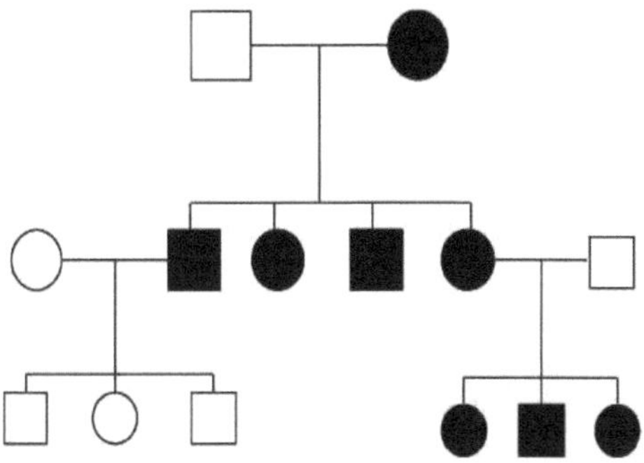

Fig.12: Uma fêmea transmite uma caraterística mitocondrial para todos os seus descendentes, enquanto um macho não transmite a caraterística. Se a caraterística for causada pela mutação de um gene mitocondrial , é provável que haja uma expressão variável entre os membros da família, porque cada um tem uma proporção diferente de DNA mitocondrial mutante ou não mutante devido à heteroplasmia.[9]

Herança multifatorial

A maior parte das doenças causadas por alterações num único gene são raras. Os factores genéticos também contribuem para a etiologia das doenças comuns, mas neste caso são necessários vários genes que interagem entre si e com factores ambientais para causar o fenótipo. Esta situação é designada por herança multifatorial. Até certo ponto, a distinção entre doenças de um só gene e doenças multifactoriais é artificial; mesmo as caraterísticas de um só gene são afectadas pela modificação de genes e do ambiente. No entanto, a distinção é útil na medida em que reconhece que, para um grande número de caraterísticas comuns, os factores genéticos desempenham um papel, mas não é provável que um único gene seja extremamente importante.[9]

As caraterísticas multifactoriais incluem uma vasta gama de doenças raras e comuns com uma maior ou menor contribuição de factores genéticos. Existem várias formas de reconhecer a contribuição genética. O risco de uma caraterística multifatorial é maior nos familiares de um indivíduo afetado do que na população em geral. Este agrupamento familiar, no entanto, não ocorre de acordo com a herança mendeliana dominante ou recessiva.

As caraterísticas multifactoriais também apresentam uma taxa de concordância mais elevada em gémeos idênticos do que em irmãos completos. Para caraterísticas quantitativas como a altura ou a tensão arterial, a contribuição genética pode ser estimada a partir da análise estatística das correlações entre familiares.[9]

Vários modelos de herança multifatorial têm sido utilizados em estudos de caraterísticas comuns. O modelo poligénico aditivo baseia-se na noção de que os alelos de múltiplos genes exercem um efeito aditivo para determinar um fenótipo quantitativo. O modelo de limiar postula que existe uma distribuição de "responsabilidade" em relação a uma determinada caraterística na população, mas a caraterística em si só ocorre quando um limiar de responsabilidade é ultrapassado. Isto pode explicar fenótipos do tipo "tudo ou nada", como a fenda palatina. Nalguns casos, há um ou mais genes de grande efeito, enquanto noutros a contribuição genética é mais complexa. À medida que os conhecimentos genómicos se desenvolvem, a identificação dos genes que contribuem para as doenças multifactoriais comuns terá um impacto significativo, ajudando a desenvolver testes de diagnóstico e tratamentos baseados na compreensão da fisiopatologia.[9]

5. CITOGENÉTICA DO CANCRO ORAL HUMANO

A "citogenética" refere-se ao estudo dos cromossomas através da utilização de microscopia após a aplicação de técnicas de bandeamento, permitindo a identificação de anomalias do número de cromossomas, perda ou ganho de material cromossómico ou alterações posicionais.

Vários avanços técnicos importantes na análise cromossómica incluem a hibridação in situ por fluorescência (FISH), introduzida pela primeira vez em meados da década de 1980, e depois a análise genómica baseada em matrizes ou análise de microarranjos cromossómicos (CMA), introduzida na década de 1990 e introduzida na prática clínica por volta de 2003. As técnicas mais úteis disponíveis para a análise dos cromossomas. Nos últimos anos, as técnicas baseadas em array tornaram-se a primeira linha de investigação para a análise de anomalias cromossómicas, sendo as ferramentas citogenéticas e de FISH utilizadas para ajudar a interpretar os resultados dos desequilíbrios diagnosticados por array. No entanto, as técnicas baseadas em array geralmente identificam apenas desequilíbrios que resultam em deleções ou duplicações e não variações estruturais neutras em termos de cópia, como translocações balanceadas, inversões ou cromossomos em anel. As variantes estruturais são mais facilmente identificadas através da análise cromossómica padrão, mas as técnicas para a identificação destas alterações utilizando dados de sequenciação do exoma ou do genoma têm vindo a surgir e a ser mais utilizadas.[10]

A ênfase crescente no tratamento atempado dos doentes e na deteção de anomalias cromossómicas para além da resolução da microscopia ótica levou, nos últimos anos, ao desenvolvimento de técnicas de citogenética molecular orientadas, libertas da cultura de células e dos protocolos morosos utilizados para a preparação de spreads de metáfase de alta qualidade. Estes novos avanços tecnológicos permitem a avaliação quantitativa do conteúdo cromossómico e incluem métodos como a hibridação quantitativa in situ por fluorescência (FISH) e a reação em cadeia da polimerase (Q-PCR), a hibridação genómica comparativa (CGH) e a CGH em array, a hibridação multiplex de sondas amplificáveis (MAPH) e a amplificação multiplex de sondas dependentes de ligação (MLPA).[11,12] Estes métodos permitem uma análise cromossómica de maior resolução e, ao mesmo tempo, são mais passíveis de automatização e de elevado rendimento das amostras do que os métodos tradicionais.[10]

As alterações genéticas observadas nas células malignas que estão associadas à iniciação ou proliferação de um tumor podem ser mediadas por grandes alterações cromossómicas e, por conseguinte, podem ser citogeneticamente visíveis. Os rearranjos citogenéticos nos tumores são divididos em três categorias com base no mecanismo pelo qual promovem o crescimento do tumor (Tabela 1)[13].[14]

Tabela 1. Tipos de rearranjos citogenéticos encontrados em tumores e a influência destas aberrações na progressão do tumor.[13]

Cytogenetic rearrangements	**Mechanism by which it promotes the growth of the tumour**
Translocations, inversions and insertions	Affect genes at a limited distance from the point of breakage and can result in the chromosomal deregulation of genes or formation of chimeric oncogenes.
Chromosomal deletions and monosomies	Demonstrate that the loss of function of some genes is important for the initiation or progression of a tumour.
Polisomies, amplifications, isochromosomes, extrachromosomes, microchromosomes, and double-	Can alter the expression of hundreds or thousands of genes, with the physiological effects varying

minutes, among other chromosome markers	depending on the dosage of genes with altered expression.

Para o cancro oral humano, foram descritos os cariótipos de 63 tumores cultivados a curto prazo. Todos os cariótipos são complexos, com grande heterogeneidade. No entanto, alguns locais genómicos parecem estar envolvidos de forma não aleatória. Verifica-se a perda recorrente dos cromossomas 9, 13, 18 e Y; as deleções estão frequentemente envolvidas nos braços cromossómicos de 3p, 7q, 8p, llq e 17p, e no braço curto de todos os cromossomas acrocêntricos; e os pontos de quebra cromossómica são frequentemente observados nas regiões centroméricas dos cromossomas 1, 3, 8, 14 e 15 e nas bandas Ip22, Ilql3 e 19pl3. [15] Uma vez que os oncogenes celulares bcl-l, int-2 e hst-1 foram mapeados para 1 Iql3, enquanto o N-Ras foi mapeado para Ip22, propõe-se que a ativação dos oncogenes localizados nestas bandas possa ser precedida por mecanismos citogenéticos.[16]

Aproximadamente dois terços de todas as células cancerosas da cabeça e do pescoço contêm uma região deletada localizada no cromossoma 9p21-22[17], que aparece em lesões displásicas e carcinoma in situ (CIS), sugerindo assim que um gene nesta região é eliminado precocemente na carcinogénese oral .[18] Um gene supressor de tumores (TSG) inicialmente isolado de células de melanoma, o pl6 (MTS1 ou CDKN2), também se encontra nesta região e pode vir a revelar-se um inibidor do ciclo celular importante no desenvolvimento do cancro oral.[18] As regiões cromossómicas 3p e 13q também contêm regiões frequentemente apagadas e podem dar origem a novos genes supressores de tumores da carcinogénese oral.[19,16]

Os danos genéticos nas células de cancro oral podem ser divididos em duas categorias. As alterações dominantes, que ocorrem mais frequentemente nos proto-oncogenes, mas também em determinados TSGs, resultam em ganho de função. As alterações recessivas, mutações mais frequentemente observadas em genes da via inibitória do crescimento ou, geralmente, em genes supressores de tumores, causam perda de função .[16]

Técnicas citogenéticas aplicadas ao estudo do cancro

1. Citogenética clássica

A citogenética tem um papel fundamental na deteção de doenças humanas, uma vez que anormalidades numéricas, como a aneuploidia, e estruturais, como translocações, inversões, deleções e duplicações, são facilmente observadas por meio de protocolos clássicos. O primeiro avanço na citogenética foi a aplicação da colchicina e de soluções hipotónicas para o tratamento das células, o que representa um marco nos estudos citogenéticos.[20] O tratamento com estas soluções melhorou a qualidade dos cromossomas mitóticos e, consequentemente, a análise cromossómica. A colchicina é um alcaloide derivado da planta Colchicum autumnale que se liga aos dímeros de tubulina, impedindo a polimerização dos microtúbulos. Para além do seu efeito na polimerização, a colchicina rompe os dímeros de tubulina, impedindo a formação do fuso mitótico e consequentemente a segregação das cromátides irmãs.[21,14]

O tratamento de materiais biológicos com soluções salinas hipotónicas é um passo importante na obtenção de cromossomas metafásicos de alta qualidade, um pré-requisito para as análises citogenéticas subsequentes. A exposição das células metafásicas a uma solução hipotónica dispersa os cromossomas por todo o citoplasma, uma vez que estes deixam a região central [22,14].

Uma forma de visualizar as alterações estruturais do cariótipo é através da produção de marcadores cromossómicos, designados por bandamento. Entre os procedimentos de bandamento, o bandamento G é o método mais utilizado para o reconhecimento de pares de cromossomas. O bandamento com Giemsa ocorre devido às interações do DNA e das proteínas com os componentes tiazina e eosina do corante; a técnica tende a desnaturar o DNA rico em AT- .[23] O DNA rico em AT é de replicação tardia e corresponde às regiões heterocromáticas dos cromossomas que contêm relativamente poucos genes activos. Em contraste, o DNA rico em CG, que aparece como bandas claras, são as regiões eucromáticas de replicação precoce. As bandas G também correspondem aos cromómeros condensados dos cromossomas meióticos.[24] A banda G tem sido eficaz e amplamente utilizada na investigação oncológica e na análise clínica. Por exemplo, quando a banda G foi realizada em células tumorais metafásicas de doentes com fibrossarcoma congénito, revelou a trissomia do cromossoma 15 e a translocação entre os cromossomas 12 e 15 como uma anomalia estrutural.[25,14]

As células neoplásicas apresentam frequentemente aberrações cromossómicas complexas em muitos cromossomas marcadores diferentes. Os padrões de bandeamento menos pronunciados de certos cromossomas dificultam a atribuição de anomalias genéticas aos mesmos utilizando técnicas convencionais de bandeamento. Um acontecimento importante na citogenética foi a cooperação entre a citogenética clássica e a biologia molecular para criar técnicas de citogenética molecular que envolvem a manipulação de material genético. A citogenética molecular começou com a hibridização in situ, outro marco na evolução da citogenética, conforme descrito por Pardue e Gall em 1969.[14]

O avanço contínuo da citogenética molecular incluiu o desenvolvimento da hibridação in situ por fluorescência (FISH), da hibridação genómica comparativa (CGH) e da cariotipagem espetral (SKY). Estas técnicas são excelentes ferramentas para a análise genética. Os padrões de bandas obtidos através da citogenética molecular são o foco de qualquer laboratório de citogenética clínica, uma vez que as dificuldades técnicas, tais como cromossomas de baixa qualidade ou células tumorais escassas, são mais facilmente ultrapassadas com a ajuda destas técnicas citogenéticas avançadas.[14]

2. Hibridação in situ por fluorescência (FISH)

A FISH é uma técnica útil para a deteção de anomalias cromossómicas, uma vez que permite a análise de células em interfase (I-FISH), a caraterização de cromossomas marcadores, o rastreio de um grande número de células num curto espaço de tempo e a capacidade de estudar amostras com poucos cromossomas metafásicos ou com cromossomas mal avaliáveis.[26,14]

A FISH pode ser utilizada para mapear loci cromossómicos específicos e detetar aberrações citogenéticas numéricas e estruturais. A FISH permite a visualização do alvo genómico utilizando cromossomas metafásicos, núcleos interfásicos ou secções de tecido. A sua aplicação é particularmente importante na deteção de translocações, inversões, inserções e microdeleções, bem como na identificação de cromossomas marcadores e na caraterização de pontos de quebra cromossómica.[27]

A FISH é considerada o melhor método para detetar o v-Myc (myelocytomatosis viral oncogene, também designado MYCN) no neuroblastoma, em que uma translocação entre os cromossomas 8 e 14 provoca a sua expressão descontrolada, bem como noutros tumores, como o meduloblastoma, o rabdomiossarcoma e o tumor de Wilms, em que este gene se encontra amplificado. Nos cancros hematológicos, como a LMC, a perda de ADN nos pontos de quebra da translocação pode ser observada utilizando a FISH. Devido à sua sensibilidade, esta técnica deve ser considerada para a monitorização do cancro após o tratamento. O procedimento FISH é um complemento sensível, rápido e indispensável às técnicas citogenéticas convencionais[28,14].

3. Hibridação Genómica Comparativa (CGH)

Outra técnica complementar utilizada com a citogenética clássica é a CGH. Esta técnica detecta alterações cromossómicas desequilibradas (perda/ganho) utilizando uma pequena quantidade de ADN. Na CGH, o ADN normal (denominado ADN de referência) e o ADN tumoral são marcados com diferentes fluorocromos, sendo depois ambos os ADNs hibridizados com cromossomas humanos normais em metáfase, e as razões de fluorescência ao longo do comprimento dos cromossomas fornecem uma representação citogenética da variação relativa do número de cópias do ADN. Se o cromossoma ou as sub-regiões cromossómicas tiverem o mesmo número de cópias que a amostra de ADN alvo, a fluorescência observada tem contribuições iguais do ADN tumoral e do ADN normal, o que é o caso dos sarcomas dos tecidos moles. Se existirem deleções na amostra tumoral, a região marcada terá a cor da amostra de referência. Nos casos de ganhos, a fluorescência do DNA tumoral é predominante.[29] A vantagem da CGH é que apenas o DNA tumoral é necessário para a análise citogenética molecular, e o DNA tumoral pode ser facilmente obtido por microdissecção de amostras tumorais, caraterística que tornou a CGH uma das técnicas mais utilizadas em pesquisa e diagnóstico molecular. [28,14]

4. CGH com base em matrizes (aCGH)

Uma adaptação da CGH é a CGH baseada em matrizes (aCGH). A aCGH é um método que combina a CGH tradicional e a tecnologia de microarray. Com esta técnica, os ADN genómicos normais e tumorais são marcados com fluorescência diferencial e co-hibridizados numa matriz que contém sequências de ADN mapeadas, fornecendo medições das alterações do número de cópias do tumor em alta resolução em todo o genoma. No estudo efectuado por Harvell et al., utilizaram aCGH como teste de diagnóstico para distinguir entre nevo de Spitz e melanoma utilizando o ADN isolado de amostras fixadas em formalina e incluídas em parafina, demonstrando a eficácia deste método como ferramenta de diagnóstico para diferenciar nevo de Spitz de melanoma.[30,14]

Eventos citogenéticos relacionados com a progressão do cancro Poliploidia e cancro

Existem duas classes diferentes de poliploidia: a alopoliploidia, na qual se combinam dois ou mais genomas aparentados mas não idênticos, e a autopoliploidia, na qual se combinam dois ou mais genomas idênticos. As células poliplóides podem ser formadas por três mecanismos diferentes: um ciclo celular abortivo, a fusão celular e a endoreduplicação.[31] Segundo Larizza e Schirrmacher (1984), as células tumorais com propriedades metastáticas têm frequentemente uma dosagem genética mais elevada do que a das células originais. Este facto é demonstrado por um aumento do nível de ploidia, duplicação cromossómica e amplificação de genes. A aquisição do grande número de cromossomas observado nas células tumorais pode ser o resultado de uma endoreduplicação ou de uma hibridação somática (fusão celular). Em alguns tipos de células, a fusão celular faz parte do desenvolvimento normal, produzindo células terminalmente diferenciadas, como as células musculares e os osteoclastos. A fusão celular provoca uma desordem intracelular com alterações na estrutura genética e consequente instabilidade. Essa ocorrência pode causar o surgimento de clones aneuplóides. Estes clones podem ter caraterísticas neoplásicas e apresentam um complemento cromossómico instável ou relativamente estável, variando de triploide a tetraploide.[32,1]4

Aumento da atividade da região organizadora do nucléolo (NOR) como marcador de proliferação

As NORs são regiões cromossómicas onde se encontram agrupados os genes ribossómicos (rDNA), a partir dos quais são transcritos os RNAs ribossómicos - rRNAs. Estas regiões estão associadas aos nucléolos e são responsáveis pela sua reorganização no final da divisão celular. Um grupo de proteínas argirófilas específicas está associado às NORs activas, denominadas proteínas argirófilas da NOR (AgNOR), que podem ser visualizadas no núcleo e nos cromossomas por microscopia ótica após coloração com nitrato de prata.[33,14]

Danos nos telómeros e sua influência na carcinogénese

Os telómeros são estruturas presentes na extremidade dos cromossomas lineares e mantêm a integridade do cromossoma. Estas estruturas asseguram a estrutura e a função cromossómicas adequadas, mantendo a estabilidade genética das células. Nos mamíferos, tal como em todos os vertebrados, os telómeros consistem em muitos quilobases de repetições em tandem da sequência TTAGGG, têm proteínas específicas associadas aos telómeros e terminam num grande laço T duplex (Figura:13).[34] Entre as muitas proteínas associadas aos telómeros, as TRF1 e TRF2 são as mais importantes. A TRF1 regula o comprimento do telómero e a TRF2 mantém a integridade do telómero.[35] O comprimento das repetições TTAGGG varia de uma espécie para outra. Em células da linha germinal humana, foram observados telómeros com um comprimento de 15 a 20 kb, enquanto os telómeros são muito mais longos nos ratos (Mus musculus), variando de 30 a 50 kb. Para além desta variação inter-espécies, o comprimento dos telómeros pode variar dentro das espécies e individualmente, dependendo do genótipo, do tipo de célula examinada e da história replicativa da célula. Os telómeros são responsáveis pelo controlo da divisão celular, pelo que, após um determinado número de divisões, as células entram na via da senescência replicativa (Fig. 14).[36,14]

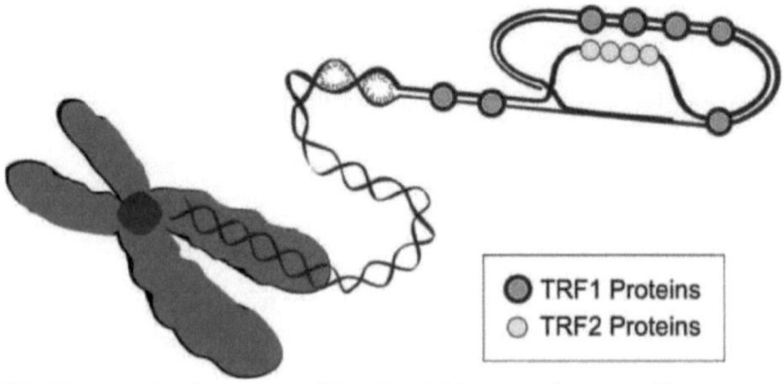

Figura: 13: Representação esquemática dos telómeros dos mamíferos, que são constituídos por repetições de nucleótidos TTAGGG e têm muitas proteínas associadas, incluindo TRF1 (verde) e TRF2 (amarelo).[14]

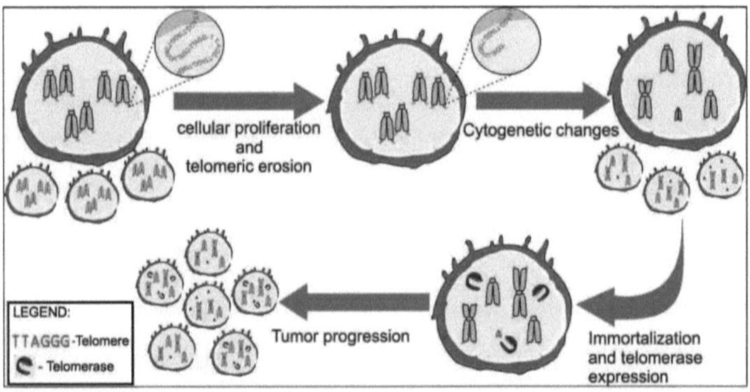

Figura.14: Representação esquemática do papel dos telómeros na carcinogénese.[14]

Existem muitas causas de instabilidade cromossómica, embora as causas primárias pareçam ser defeitos na segregação cromossómica, na estabilidade dos telómeros, na regulação do ciclo celular e na reparação de danos no ADN.[37,38]

A análise citogenética por bandagem G foi efectuada em 15 casos de CECP. A hibridização *in situ* por fluorescência (FISH) com uma sonda específica do centrómero para o cromossoma 17 foi utilizada em núcleos interfásicos para rastrear estes tumores para aneuploidia. Foram utilizadas sondas de pintura para os cromossomas 5 e 16 para avaliar alguns tumores, a maioria dos quais tinha cromossomas marcadores detectados pela análise de bandas GTG (TABELA 2).[39]

Tabela 2 - Caraterísticas dos casos de CECP: idade, sexo, diagnóstico histopatológico, estado TNM, dados clínicos e cariótipo composto.[39]

N case	Sex/age	Tumour localization	Tumour grade	TNM	Composite karyotype
SCP110	M/66	Floor of the mouth	I	$T_4N_oM_o$	41~45,XY,-Y,+17,-20,+mar[cp19]/46,XY[5]
SCP115	F/44	Floor of the mouth	II	T4N2M0	42~50,X,-X,-2,-10,del(12)(p12.3),+15,-19,-20,+22,+mar [cp24]/46,XX[8]
SCP122	M/35	Tongue	II	T4NoMo	43~48,XY,-9,+10,-17,+22 [cp15]/46, XY [21]
SCP123	M/40	Tongue	IV	T4N2Mo	44~48,XY,-Y,+10,+20,+22 [cp10]/46,XY[17]
SCP124	M/63	Oropharynx	I	T4NoMo	41~48,XY,-Y,+9,add(9)(p24),+13,-18,-19,+22[cp21]/46, X Y[8]
SCP125	M/58	Tongue	I	T4N1M0	42~48,XY,-5,-13,+22[cp10]/ 46,XY[10]
SCP127	F/74	Floor of the mouth	I	T2N0M0	41~47,X,-X,del(6)(q23),+8,-10,-13,del(17)(p11.2),+22 [cp14]/46,XX[8]
SCP129	M/64	Larynx	II	T3NoMo	44~48,XY,-Y,+7,-10,-21,+22, +del(22)(q13.1)[7][cp20]/ 46,XY[9]
SCP133	M/63	Floor of the mouth	II	T2NoM0	42~48,X,-Y,-3,-9,-14,-16,-18, -19,+22,+mar[cp16]/46,XY [9]

SCP134	M/65	Retromolar	II	T4N2Mo	43~47, XY,-Y,del(1)(q21),-9, -10, inv(12)(p13.3q12),-17, -18,-21,+22,+mar1,+mar2 [cp21]/46, XY[17]
SCP135	M/57	Epiglottis	I	T3N2cMo	41~48,XY,-Y,-4,+6,+del(6)(q 22), -11,-12,-15,-16,-19,-22, +?del(22)(q13.1),+mar[cp18]/ 46,XY[6]
SCP137	M/56	Tonsil	II	T3N2M0	44~47,X,-Y,+7,-19,-20,+22, +mar[cp17]/46,XY[1]
SCP149	M/65	Larynx	I	T4N0M0	44~49,XY,del(1)(q41),add(4 q),+20,del(22)(q13.1),+mar [cp11]/46,XY[13]
SCP167	M/54	Larynx	II	T3N0M0	43~47,XY,+1,-9,-10,+11,-11, -13,-16,-17,+22,+mar[cp14]
SCP172	F/40	Tongue	I	T1N1M0	43~47,X,-X,-21,+del(22) (q13.1)[cp9]/46,XX[20]

6. ONCOGENES IMPLICADOS NO CANCRO ORAL

O papel das alterações genéticas responsáveis pelo cancro era mais ou menos especulativo até à descoberta, em 1979, de que os oncogenes (genes causadores de cancro) derivam de proto-oncogenes (genes celulares normais reguladores do crescimento).[40] Os oncogenes são genes que promovem a transformação de células normais em células cancerosas. Os oncogenes exógenos ou virais (V-onc) são introduzidos nas células por vírus tumorais e podem distinguir-se duas categorias, nomeadamente os que não mostram qualquer relação óbvia com os genes celulares normais e os que são claramente derivados destes. Os oncogenes endógenos ou celulares (C-onc) surgem no interior das células como formas alteradas de genes celulares normais, designados por proto-oncogenes (P-onc)[41]

Quando os proto-oncogenes sofrem mutações ou ficam desregulados, são convertidos em oncogenes, que são capazes de causar a transformação maligna das células, incluindo as dos seres humanos. Os proto-oncogenes celulares codificam proteínas envolvidas na regulação celular, como os factores de crescimento, os seus receptores e os transdutores de sinais transmembranares. Assim, as alterações na estrutura dos proto-oncogenes e a sua conversão em oncogenes resultam na síntese de proteínas anormais que são incapazes de desempenhar as suas funções habituais de regulação do crescimento.[40]

Descobriu-se que numerosos oncogenes estão implicados na carcinogénese oral. Por exemplo, o Ras é um dos oncogenes mais frequentemente activados no CCEO. Quando o Ras é ativado, liga outras proteínas que, em última análise, desencadeiam genes envolvidos no crescimento, diferenciação e sobrevivência das células.

Verificou-se também que a mutação do gene Ras produz uma proteína Ras permanentemente activada. Outras proteínas, como o fator de transcrição Myc, que participa na progressão do ciclo celular, crescimento celular e diferenciação, apoptose, metabolismo celular e adesão, encontram-se mutadas e activadas no cancro oral.[42]

ONCOGENES E DESENVOLVIMENTO DE TUMORES

A carcinogénese é considerada um processo com várias etapas. O início é um requisito absoluto que envolve acontecimentos mutacionais que são, por conseguinte, irreversíveis. O início pode ocorrer rapidamente e necessita apenas de uma exposição limitada ao carcinogéneo. Isto foi observado em muitos sistemas modelo em que os carcinogéneos químicos, actuando com ou sem promotores de tumores, induzem a ativação do oncogene Ras por mutação pontual. É possível que tais mutações no gene Ras confiram uma vantagem selectiva de crescimento a estas células. É igualmente possível que ocorram mutações noutros genes; algumas serão letais, enquanto outras conferem às células uma vantagem competitiva e, com o tempo, sofrem uma diversificação fenotípica, acabando por se tornar uma população maligna. Existem também provas de que as mutações pontuais no proto-oncogene Ras são causadas pela radiação. A iniciação viral também foi registada numa série de sistemas modelo[41].

O trabalho de Balmain et al. levou a uma melhor compreensão dos processos que conduzem à iniciação. Mostraram que a maioria dos papilomas cutâneos de ratinho apresentavam um oncogene H-Ras ativado. O facto de esta condição estar presente num estado pré-maligno do cancro da pele apoia a hipótese de que a mutação pontual está intimamente ligada à iniciação. Esta descoberta tem relevância direta para os cancros orais, muitos dos quais se apresentam inicialmente como lesões pré-malignas. O gene Myc também tem sido associado de forma semelhante às fases de iniciação da carcinogénese. No entanto, embora genes como Ras e Myc tenham sido implicados nas fases iniciais do desenvolvimento do tumor, é muito provável que outros efeitos gerais, como a capacidade das células para absorver e metabolizar carcinogéneos, o índice de proliferação e as pressões de seleção, também existam nos tecidos[41].

AS FUNÇÕES DOS ONCOGENES E DOS SEUS PRODUTOS

Os produtos oncogénicos podem atuar em vários locais, como receptores de superfície celular, segundos mensageiros e no núcleo. Com base nisto, os oncogenes foram classificados em vários grupos, como se mostra na (Tabela 3)[41]. Os produtos da maioria dos oncogenes celulares têm uma função reguladora relacionada com a divisão ou diferenciação celular e, como já foi referido, incluem vias reguladas por sinais externos. Os sinais externos podem ser de vários tipos. Os de maior interesse em relação à função dos oncogenes são os factores de crescimento. Estes incluem o fator de crescimento epidérmico (EGF), o fator de crescimento derivado das plaquetas (PDGF) e os factores de crescimento tumoral (TGFs). As células que respondem a moléculas extracelulares deste tipo têm receptores específicos na sua superfície e foram apropriadamente denominadas "antenas moleculares". Cada recetor de superfície celular inclui um componente extracelular que reconhece o agonista, uma porção transmembranar curta e um componente intracelular. A interação do componente extracelular com um agonista faz com que um sinal seja transmitido por um mecanismo desconhecido para o componente intracelular. Isto desencadeia uma cascata de reacções. Em alguns casos, pensa-se que um passo inicial é a ativação de uma proteína G adjacente. As proteínas G estão associadas à superfície interna da membrana celular e, quando activadas, ligam-se ao trifosfato de guanosina (GTP) e alteram-se alostericamente. As proteínas G activadas podem atuar como sinais para o elo seguinte da cadeia, que é a produção de um segundo mensageiro. A proteína G mais bem estudada é a associada à ativação da adenilciclase, mas parece haver muitas proteínas G, cada uma com uma função específica.[41,43]

Algumas podem funcionar através da ativação de uma fosfodiesterase associada à membrana celular; esta hidrolisa o fosfitidilinositol bifosfato (PIP2) para formar diacilglicerol (DG) e inositol trifosfato (IP2), que actuam ambos como mensageiros secundários. Um mecanismo alternativo é sugerido pela observação de que o recetor EGF pode fosforilar a lipocortina, que é provavelmente o seu substrato natural e é conhecida por inibir a fosfolipase. Um efeito imediato da estimulação é uma libertação rápida e breve de cálcio do retículo endoplasmático, que dá origem a um impulso de cálcio no citoplasma. Em muitos casos, estas vias conduzem à ativação de proteínas quinases de serinetreonina, como a proteína quinase C, que têm elas próprias uma certa especificidade de ação. Este esquema, embora não totalmente elucidado, constitui uma base convencional para a classificação dos oncogenes[41].

QUADRO 3. Tipos de oncogenes comuns[41].

Gene	Type[a]	Origin	Product/function
Growth factor related			Platelet derived growth
Sis	1	Simian sarcoma virus	factor
Growth factor receptor related			
erb B	1	Avian erythroblastosis virus	Modified EGF and M-
fms	1	McDonough sarcoma virus	CSF receptors
neu	2	Rat neuroglioblastoma	
Tyrosine kinase related			
src	1	Rous sarcoma virus	Protein tyrosine kinase
ubl	1	Abelson mouse leukemia virus	activity/ certain types of
fes	1	Feline sarcoma virus	growth factors
fgr	1	Gardner feline virus	
mos	1	Moloney sarcoma virus	
yes	1	Yamaguchi sarcoma virus	
Serine threonine kinase related			
ros	1	Chicken simian virus	Protein serine threonine
raf	1	Mouse sarcoma virus	activity
rel	1	Reticuloendotheliosis virus	

Nuclear protein related			
myc		myelocytoma virus	
N-myc		n neuroblastoma	ar related
fos		sarcoma virus	ns
ets		myeloblastosis virus	
myb		myeloblastosis virus	
py- T		ma virus	
EIA		virus	
P53		\	
G-protein related			
H-Ras		y sarcoma virus	rotein/ GTP binding
N-Ras		n colonic DNA	n
K-Ras		n sarcoma virus	
Miscellaneous			
SV- T		n virus 40	ind to p53
Onc- D		cancer t-DNA	nown
Onc- E		sarcoma t-DNA	nown
Blym		homa t-DNA	logy
			ransferrin
a TGF		nown	r enhancing growth
B TGF		nown	s

Vias de sinalização da família do gene Ras

Ras é um dos oncogenes geneticamente desregulados mais frequentes no cancro oral. Todos os membros da família da proteína Ras pertencem a uma classe de proteínas denominada pequena GTPase e estão envolvidos na transmissão de sinais dentro das células (transdução de sinais celulares). Esta família de genes é constituída por H-Ras, K-Ras e N-Ras, que codificam uma proteína de massa molecular de 21 kD, que possui atividade de guanosina trifosfato (GTP). As mutações nos genes Ras são geralmente encontradas nos códons 12, 13 e 61.[40] Quando a Ras é "activada" por sinais de entrada, ativa subsequentemente outras proteínas, que acabam por ativar genes envolvidos no crescimento, diferenciação e sobrevivência das células. Como resultado, as mutações nos genes Ras podem levar à produção de proteínas Ras permanentemente activadas. Isto pode causar uma sinalização não intencional e hiperactiva no interior da célula, mesmo na ausência de sinais de entrada. Uma vez que estes sinais resultam no crescimento e na divisão celular, a sinalização Ras hiperactiva pode, em última análise, conduzir ao cancro. Ras é o oncogene mais comum no cancro humano - as mutações que activam permanentemente Ras encontram-se em 20 a 25% de todos os tumores humanos e até 90% em certos tipos de cancro. O Ras é um dos oncogenes mais frequentemente activados no CCEO. Por esta razão, os inibidores de Ras estão a ser estudados como tratamento para o cancro e outras doenças com sobreexpressão de Ras.[40]

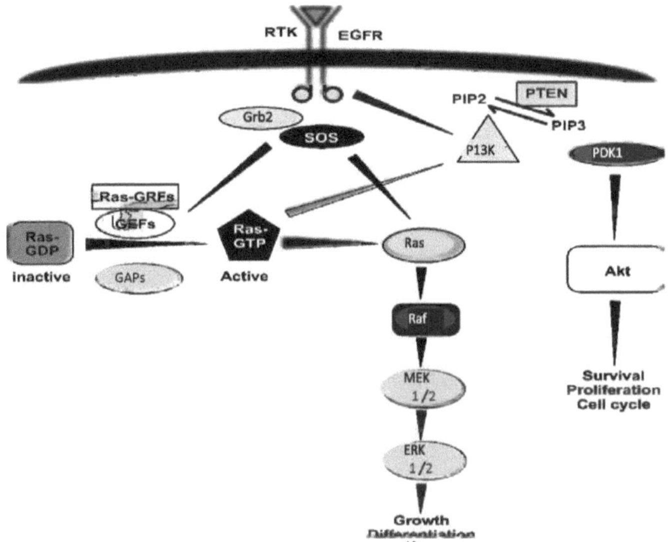

Fig:15: Ativação do RAS e vias de sinalização[40].

Ras é uma proteína G, ou uma proteína de ligação a nucleótidos de guanosina. Os factores de crescimento activam Ras através de uma maior troca de nucleótidos de guanina. A ativação de Ras pelo recetor tirosina quinase (RTK) é mediada pelo complexo Grb2/ SOS (Figura 15). O mecanismo molecular de Ras depende de toda a superfamília de pequenas proteínas G que funcionam como interruptores de sinalização binária com estados activos e inactivos. No estado desativado, está ligado ao nucleótido difosfato de guanosina (GDP), enquanto no estado ativo, Ras está ligado ao trifosfato de guanosina (GTP), que tem um grupo fosfato extra em comparação com o GDP. Este fosfato extra mantém as duas regiões de comutação numa configuração de mola carregada (especificamente a Thr-35 e a Gly-60). Quando libertadas, as regiões de comutação relaxam, o que provoca uma mudança conformacional para o estado inactivado. Assim, a ativação e a desativação de Ras e de outras pequenas proteínas G são controladas pela alternância entre as formas ativa ligada ao GTP e inativa ligada ao GDP. O processo de troca do nucleótido ligado é facilitado pelos factores de troca de nucleótidos de guanina (GEF) e pelas proteínas activadoras da GTPase (GAP). As GAPs aceleram a inativação de Ras activando a sua atividade de GTPase. Os GEFs catalisam uma reação que liberta GDP de Ras. Como o GTP intracelular é abundante em relação ao GDP (aproximadamente 10 vezes mais), o GTP reentra predominantemente na bolsa de ligação de nucleotídeos de Ras e recarrega a mola. Assim, os GEF facilitam a ativação de Ras (Figura 15). Os GEF bem conhecidos incluem Son of Sevenless (SOS) e cdc25, que incluem o domínio GEF de Ras. O equilíbrio entre a atividade GEF e GAP determina o estado dos nucleótidos de guanina de Ras, regulando assim a sua atividade.[40]

Os oncogenes Ras codificam proteínas associadas à membrana celular que estão envolvidas na transdução de sinais extracelulares de crescimento, diferenciação e sobrevivência. As vias de sinalização reguladas por Ras controlam processos como a proliferação, a diferenciação, a adesão celular, a apoptose e a migração celular. Numa célula em que Ras está mutado, o equilíbrio entre o estado ligado ao GTP e ao GDP é prejudicado. Estas mutações impedem a hidrólise intrínseca de GTP e a hidrólise catalisada por GAP, gerando assim Ras constantemente ativo, e são responsáveis pela ativação de muitos efectores a jusante, pelo que a célula sofre um mau funcionamento aberrante que conduz à malignidade[40,43].

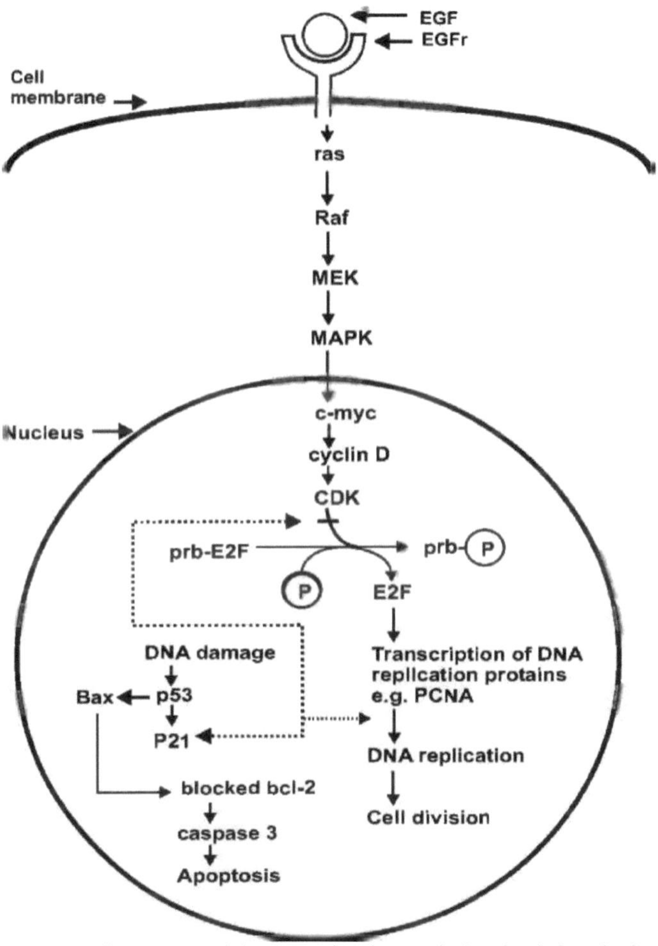

Figura 16: A divisão normal dos queratinócitos orais é estimulada pelo fator de crescimento epidérmico (EGF) que liga o fator de crescimento epidérmico que ativa Ras (EGFR). As linhas pontilhadas representam a via de morte celular apoptótica após danos no ADN.[40]

Sabe-se que os receptores de crescimento induzem diferentes respostas celulares em resposta à ligação de ligandos específicos que representam estímulos externos. A família de receptores ErbB, uma subfamília de quatro receptores tirosina-quinases (RTKs) intimamente relacionados, tem recebido atenção especial (EGFR, também conhecido como ErbBl ou Her-1) devido à sua capacidade inerente de estimular a proliferação de células epiteliais. O cancro oral é uma lesão caracterizada por uma divisão desregulada dos queratinócitos orais. Normalmente, a divisão dos queratinócitos orais é estimulada pelo fator de crescimento epidérmico (EGF) que se liga ao recetor do fator de crescimento epidérmico (EGFR) na superfície dos queratinócitos basais (Figura 16).[40]

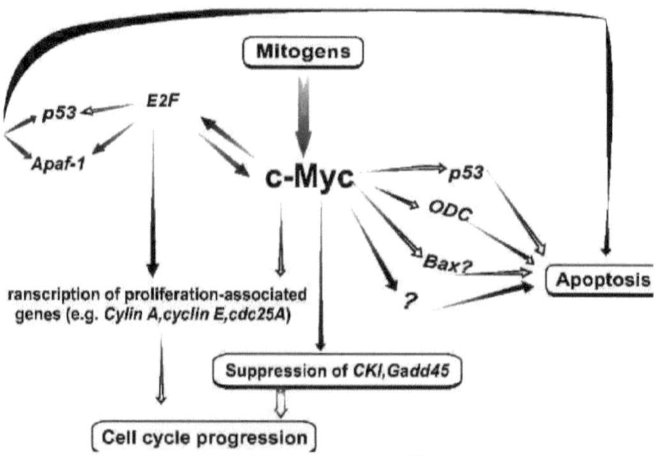

Figura 17: Ativação de Myc e vias de sinalização[40].

A amplificação do EGFR é encontrada numa percentagem considerável de tumores orais e também em lesões pré-malignas. A transdução de sinais a partir de RTKs activados, como o EGFR, depende de uma variedade de mediadores a jusante. A interação EGFR-ligando ativa a proteína Ras no lado citoplasmático do EGFR, que por sua vez ativa dois componentes-chave da transdução de sinal, incluindo a pequena GTPase Ras e a quinase lipídica PI3K. A Ras ativa também pode ativar diretamente a PI3K. A Ras activada estimula várias vias efectoras diferentes; as duas mais importantes são as vias da proteína quinase activada por mitogénio (MAPK) e da fosfatidilinositol-3-quinase (PI3K)/Akt. A Ras ativa ativa a proteína Raf e, subsequentemente, as outras cinases citoplasmáticas (MEK, MAPK) de uma forma semelhante a uma cascata (Figuras 17).[18,21]

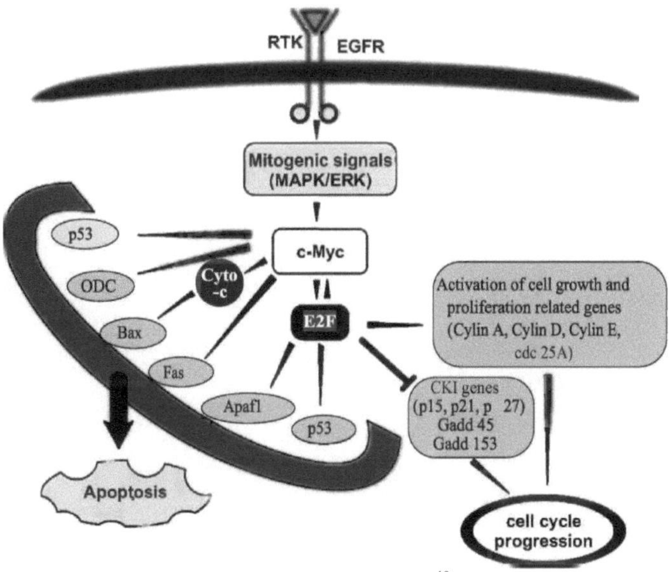

FIGURA 18: Vias de sinalização p53 e pRb/E2F.[40]

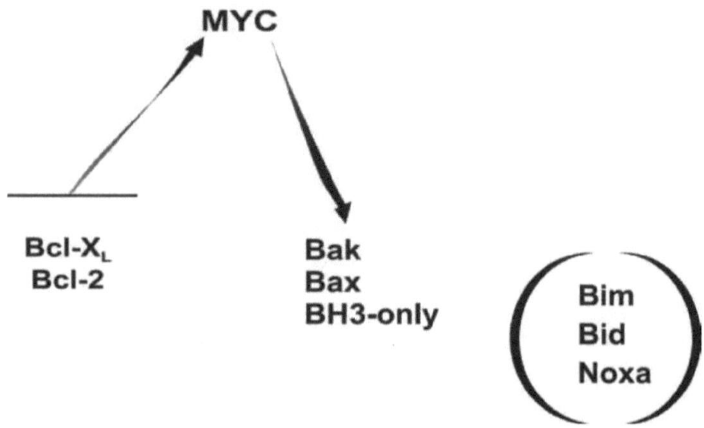

FIGURA 19: O c-Myc amplifica a via apoptótica mitocondrial através da inibição das proteínas Bcl-2 antiapoptóticas e da ativação da proteína Bcl-2 pró-apoptótica.[40]

A MAPK é uma proteína cinase activada por mitogénio (MAP), a MEK é uma MAP cinase cinase (MAPKK) e a Raf é uma MAP cinase cinase cinase (MAPKKK). A cascata de quinase transmite o sinal de crescimento da membrana celular para o núcleo, onde ativa a expressão de genes envolvidos no crescimento e na diferenciação. Por outro lado, Ras transduz a via de sinalização PI3K/Akt que inibe a apoptose. Após a ativação da PI3K, o segundo mensageiro fosfatidilinositol-3,4,5-trifosfato (PIP3) é gerado a partir do fosfatidilinositol-4,5- difosfato (PIP2). O supressor de tumores fosfatase e tensina homóloga (PTEN) antagoniza a atividade da PI3K através da desfosforilação do [PI(3,4,5)P3] em [PI(4,5)P2]. A acumulação do segundo mensageiro [PI(3,4,5)P3] no reservatório membranar aproxima o domínio de homologia de Pleckstrin (PH) que contém proteínas, incluindo as proteínas serina-treonina quinases Akt (PKB) e as proteínas quinases dependentes de fosfatidilinositol 1 e 2 (PDK1 e 2), e facilita a fosforilação de Akt por PDK1. Esta fosforilação estimula a atividade catalítica da Akt, levando à fosforilação das suas proteínas efectoras que afectam a proliferação celular, a morte celular e a sobrevivência celular.[40]

c-Myc , Crescimento e sinalização apoptótica

O gene c-Myc foi descoberto como o homólogo celular do oncogene retroviral v-Myc. O proto-oncogene c-Myc tem uma função essencial no controlo do crescimento, na diferenciação e na apoptose, e encontra-se entre os genes mais frequentemente afectados nos cancros humanos. A expressão normal do gene c-Myc é fortemente regulada, o que pode ocorrer tanto a nível transcricional como pós-transcricional.[40]

A amplificação do c-Myc foi registada numa grande percentagem de tumores humanos, incluindo cancros de origem linfoide, mesenquimal e epitelial. O comportamento anormal do gene c-Myc também tem sido amplamente discutido no cancro oral. A expressão da proteína c-Myc é desregulada nos cancros humanos por vários mecanismos diferentes, incluindo translocações e amplificações cromossómicas, ativação de cascatas de sinalização estimuladoras do crescimento a montante e aumento da estabilidade da proteína[40].

O c-Myc é uma fosfoproteína nuclear que funciona como um fator de transcrição que orquestra a expressão de 10% a mais de 15% de todos os genes celulares. Os genes alvo do c-Myc estão envolvidos em muitas actividades celulares vitais, incluindo a sobrevivência, o crescimento celular, a síntese proteica, a adesão celular, o citoesqueleto e o metabolismo. Os mecanismos pelos quais o c-Myc induz a transformação neoplásica e a apoptose estão a começar a emergir com a identificação de genes-alvo autênticos, tanto diretos como indirectos. Um gene alvo direto é aquele cuja expressão é alterada pela interação direta da proteína c-Myc com os elementos reguladores do gene ou com factores *de ação trans* que se ligam a esses elementos *cis*. Um gene alvo indireto de c-Myc é aquele cuja expressão é alterada como consequência da expressão dos genes alvo diretos de c-Myc e cuja expressão está ligada a fenótipos dependentes de c-Myc, como a proliferação celular, a transformação ou a apoptose. Ativa a expressão dos genes através da ligação a sequências de consenso (sequências enhancer box) e do recrutamento de histonas acetiltransferases (HATs). Também pode atuar como repressor da transcrição. Ao ligar-se ao fator de transcrição Miz-1 e ao deslocar o coactivador p300, inibe a expressão dos genes alvo Miz-1. Além disso, c-Myc tem um papel direto no controlo da replicação do ADN. c-Myc tem um papel crítico na progressão normal do ciclo celular, especialmente durante a transição da fase G0 para a fase S. Myc é ativado por vários sinais mitogénicos através da via MAPK/ERK. A cascata de quinase transmite o sinal de crescimento da membrana celular para o núcleo, onde o nível da proteína c-Myc aumenta acentuadamente (Figura 16). c-Myc é um gene de resposta precoce, ou seja, responde diretamente a sinais mitogénicos para empurrar as células para a fase G1 do ciclo celular. A expressão de c-Myc é mantida ao longo do ciclo celular, e algumas observações sugerem também um papel para c-Myc em G2. c-Myc pode exercer o seu efeito na progressão do ciclo celular através da transcrição de genes com um papel importante no controlo do ciclo celular, ou seja, Cdc25A, ciclina D1, ciclina D2, ciclina E, ciclina A, CDK1, CDK2, CDK4 e E2F (Figura 20).[40]

A expressão abundante de ciclinas é uma caraterística comum (36 a 66%) do cancro oral. Relativamente à regulação de G1, a ligação entre c-Myc e ciclina D1 é complexa e pode depender de estímulos específicos e de sistemas celulares. Tanto o c-Myc como a ciclina D1 são necessários para a ativação através do recetor CSF1, e a sua relação é não linear. Com a estimulação sérica dos fibroblastos, espera-se que o c-Myc possa ativar a expressão subsequente da ciclina D1; no entanto, o papel do c-Myc na regulação da expressão da ciclina D1 é complexo, uma vez que existem dados contraditórios na literatura. A expressão desregulada de c-Myc está associada ao aumento da expressão da ciclina A e da ciclina E. Recentemente, foram apresentadas provas de que c-Myc é capaz de transactivar diretamente a expressão de ciclina E, embora o mecanismo não seja claro. c-Myc aumenta a função das CDK através de vários mecanismos. Num estudo, o c-Myc pareceu cooperar com Ras para induzir o promotor CDC2 (CDK1), que não contém uma caixa de consenso Myc E. No entanto, não existem outros dados que apoiem a elevação de CDC2 em resposta a Myc. Mais recentemente, foram apresentadas provas de que o gene Cdc25A é um alvo direto de c-Myc.

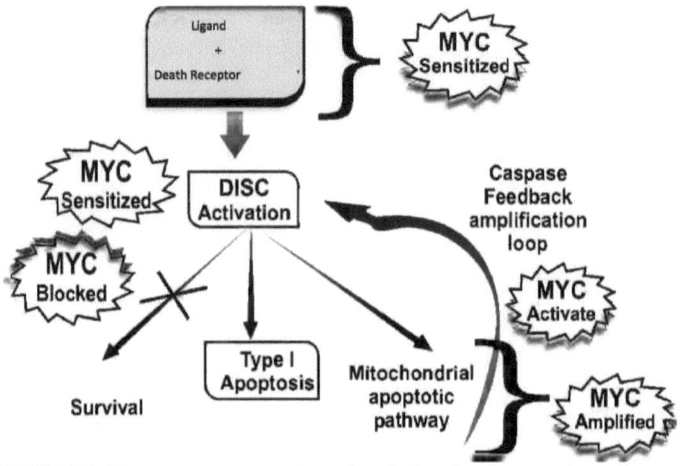

FIGURA 20: Myc promove a apoptose através das vias dos receptores de morte em múltiplas junções. Myc influencia múltiplas vias activadas por receptores de morte em vários pontos.

A ligação entre c-Myc e cdc25A não foi confirmada noutros estudos, o que indica que as diferenças nos modelos experimentais podem explicar a discrepância. Este gene produz uma proteína fosfatase que ativa tanto a CDK2 como a CDK4. Assim, pode existir uma ligação direta entre o c-Myc e a maquinaria do ciclo celular através da sua capacidade de ativar diretamente os genes cdc25A e ciclina E. Outro mecanismo importante da capacidade do c-Myc para promover o crescimento celular é a supressão da transcrição do gene de paragem do crescimento e do gene 45 induzível por danos no ADN (Gadd45), Gadd153, e dos genes CKI p15, p21 e p27 (Figura 17 e Figura18). A expressão de c-Myc também diminui os níveis e interfere com a função do inibidor de CDK p27. O mecanismo pelo qual o c-Myc interfere com a atividade do p27 não é conhecido. Estas actividades do c-Myc são todas compatíveis com a capacidade do c-Myc de promover a entrada da célula na fase S. A capacidade do c-Myc para promover a proliferação celular sugere que a sua desregulação contribui para a síntese desregulada de ADN e para a instabilidade genómica (Figura 20).[40]

Para além do seu papel no ciclo celular, o c-Myc também desempenha um papel fundamental na regulação da apoptose. Este papel foi confirmado em diferentes tipos de células sob uma grande variedade de condições fisiológicas, e tanto a subexpressão como a sobreexpressão de c-Myc podem levar à morte celular. Até à data, os eventos moleculares responsáveis pela apoptose induzida pelo c-Myc não são bem conhecidos. Vários componentes importantes para a progressão do ciclo celular, incluindo a ciclina A e a Cdc25A, têm sido implicados em sistemas apoptóticos associados a c-Myc elevado. A ciclina A estava elevada nos fibroblastos de rato-1A que sobre-expressavam c-Myc e sofriam apoptose. A Cdc25A é um alvo transcricional bem estabelecido da c-Myc e pode induzir a apoptose em fibroblastos privados de soro, tal como a c-Myc. No entanto, nem todos os substratos de Cdc25A são ainda conhecidos e a sua relação com moléculas que participam na apoptose continua por elucidar. Outro alvo de estimulação transcricional por c-Myc é a ornitina descarboxilase (ODC), que pode causar apoptose quando sobreexpressa. A apoptose induzida por c-Myc pode envolver vias dependentes e independentes de p53. c-Myc transactiva o promotor do gene p53 e aumenta a semi-vida de p53. No entanto, não parece haver um requisito universal para o p53 na apoptose mediada por c-Myc. Foi demonstrado que a apoptose induzida por c-Myc está correlacionada com a expressão do ligando Fas e do recetor Fas. A apoptose induzida por c-Myc também parece ser inibida por Bcl-2 e Mcl-1. A libertação de citocromo c induzida por c-Myc envolve Bax funcionalmente ativo, e provas preliminares sugerem que c-Myc regula a transcrição desta molécula pró-apoptótica.[40]

Classicamente, o c-Myc foi considerado um gene imortalizador, cuja expressão ectópica facilita a imortalização de fibroblastos primários de roedores. Esta visão simples ignorou os eventos iniciais que se seguem à expressão ectópica de c-Myc e o período de crise a que as células têm de sobreviver para atingir a imortalidade. Uma vez que a telomerase contribui para a imortalidade das células tumorais, foi estudada a capacidade do aumento da expressão de oncogenes virais ou celulares para induzir a telomerase em células epiteliais mamárias humanas normais e fibroblastos humanos (IMR-90). Entre seis candidatos, o c-Myc surgiu como um interrutor-chave para a indução da atividade da telomerase, bem como uma expressão da subunidade catalítica da telomerase, denominada (transcriptase reversa da telomerase) TERT. Curiosamente, enquanto a TERT aumenta o tempo de vida das células epiteliais mamárias humanas, a sobreexpressão da TERT não foi capaz de prolongar o tempo de vida das células IMR-90. É de notar, no entanto, que a construção utilizada nesse estudo produz um TERT com uma etiqueta epítopo C-terminal que pode ter comprometido a sua atividade. Em contraste com o TERT marcado com epítopo, c- Myc é capaz de imortalizar as células IMR-90, embora estas células não apresentem estabilização dos telómeros. Estas observações sugerem um mecanismo alternativo para a imortalização mediada por c-Myc, para além da indução da telomerase.[40]

Em colaboração com Ras ativado, o c-Myc foi capaz de transformar fibroblastos primários nas experiências clássicas de Weinberg e colaboradores. Neste papel, o c-Myc parece inativar as respostas celulares que são normalmente necessárias para a inibição do crescimento mediado por Ras, transformando assim o gene para Ras num gene promotor de crescimento. Reciprocamente, Ras é capaz de inibir a apoptose mediada por Myc. Dado que os fibroblastos embrionários murinos (MEFs) p19 ARF-null são imortais e podem ser transformados por RAS oncogénico independentemente de c-Myc, colocou-se a hipótese de c-Myc poder regular ARF. De facto, foi demonstrado que a ARF e a p53 são induzidas pela expressão ectópica de c-Myc em MEFs de tipo selvagem, desencadeando uma crise replicativa e apoptose. As MEF que sobrevivem à sobreexpressão de Myc e ao período de crise sofrem perda de ARF ou mutações de p53. As MEFs que não possuem ARF ou p53 apresentaram uma resposta apoptótica reduzida à sobreexpressão de c-Myc. Estas observações indicam que ARF participa num ponto de controlo dependente de p53 que protege as células contra sinais oncogénicos, como a sobre-expressão de c-Myc. Estas novas observações indicam que a imortalização de células primárias por oncogenes é um fenómeno complexo no qual mecanismos apoptóticos de salvaguarda normais são inactivados, permitindo assim que as células imortalizadas emerjam de um período de crise de morte celular maciça.[40]

Foi demonstrado que diferentes sub-regiões do domínio N-terminal do c-Myc podem controlar funções biológicas distintas, incluindo a apoptose. No entanto, esta questão não pode ser diretamente abordada enquanto não forem claramente identificados os genes-alvo do c-Myc essenciais para a apoptose. Os factores que determinam a decisão de induzir a divisão ou a morte celular têm de ser mais bem estudados. Além disso, a expressão de c-Myc está estreitamente ligada ao meio extracelular, e a função de c-Myc é também provavelmente influenciada pelo ambiente extracelular.[40]

ONCOGENES NO CANCRO ORAL

A amplificação dos oncogenes e o aumento da presença de proteínas relacionadas com os oncogenes foram demonstrados de forma conclusiva no cancro oral. Foi claramente demonstrada uma amplificação de 5 a 10 vezes dos genes c-Myc, N-Myc, N-Ras e Ki-Ras em 20-40% dos tecidos de cancro oral, sendo que quase 56% apresentavam pelo menos um dos oncogenes amplificado. Não foi observada qualquer amplificação dos oncogenes H-Ras e L-Myc. A amplificação dos oncogenes no cancro oral não foi associada ao tamanho ou ao grau de diferenciação. No entanto, observou-se que existia uma correlação entre a amplificação dos oncogenes e a doença avançada. As famílias de genes Ras e Myc foram amplificadas nos estádios TNM III e IV. Outra observação interessante neste estudo foi a amplificação de múltiplos oncogenes nas mesmas amostras de tumor. Um achado semelhante foi também relatado por Spandidos et al. no cancro oral. Observaram uma expressão elevada dos genes H-Ras, KiRas e c-Myc. Foi relatada a interação de duas classes de oncogenes. A presença de uma banda de 2,3 Kb nos glóbulos brancos de doentes indianos com cancro oral, embora não amplificada, indica uma distribuição preferencial deste fragmento nas populações indianas. Isto levanta a questão de saber se a elevada incidência de cancro oral na população indiana resulta de uma predisposição por este gene. Foi relatado que a fibrose submucosa, um potente pré-cancerígeno oral, tem uma forte relação genética com os índios (dados apresentados). Poucos estudos foram relatados sobre os produtos oncogénicos no cancro oral. A distribuição subcelular do produto do oncogene c-Myc e do recetor EGF foi analisada por Sakai et al. utilizando métodos imunocitoquímicos. A imunohistoquímica para o produto do oncogene c-Myc mostrou três padrões de coloração. Os produtos reactivos eram demonstráveis no núcleo, no citoplasma perinuclear e no citoplasma. O recetor EGF foi detectado apenas em 4 dos 28 casos. Tanto o c-Myc como o recetor EGF em células na fase mitótica sugerem uma relação estreita entre a expressão destes genes e a proliferação de células de carcinoma.[40]

Um modelo de bolsa de bochecha de hamster para cancro oral induzido por 7, (DMBA) foi examinado para oncogenes por Wong e Biswas. Observaram uma amplificação de 5 vezes dos oncogenes H-Ras e c-erb nos carcinomas induzidos, semelhante à amplificação observada nos cancros orais humanos. Wong e Biswas consideraram que o modelo de cancro oral em bochecha de hamster se assemelhava muito à situação humana. No entanto, os oncogenes envolvidos (H-Ras e c-erb) não eram os mesmos que se observam amplificados no tecido do cancro oral. Isto pode dever-se a uma diferença no carcinogénio envolvido; DMBA em hamsters e tabaco, cal, componentes de betal quid, etc., em humanos. Em alternativa, a amplificação do erb-B e do H-Ras pode ser um acontecimento raro na carcinogénese oral e, por conseguinte, não ser observada nas amostras humanas estudadas.[40]

Os resultados de diferentes amplificações de oncogenes em tumores de tipo semelhante, bem como a amplificação múltipla de oncogenes no mesmo tumor, sugerem que estes oncogenes podem ser activados alternativamente na mesma etapa patogénica. A amplificação múltipla de oncogene talvez implique uma ação cooperativa dos oncogenes em alguns destes tumores. Esta forma de heterogeneidade genética poderia ser mais explorada em relação a variabilidades de outros parâmetros, como a resistência imunológica e a resistência a medicamentos destes tumores. A determinação dos oncogenes regular ou ocasionalmente amplificados em condições pré-malignas, como a leucoplasia e a fibrose submucosa, será útil para compreender o papel destes genes na tumorigénese do cancro oral.[40]

SIGNIFICADO CLÍNICO E IMPLICAÇÕES PROGNÓSTICAS DA EXPRESSÃO DE ONCOGENE NO CANCRO ORAL

A classificação TNM utilizada pelos oncologistas para avaliar o cancro oral baseia-se numa avaliação clínica da extensão do tumor e não incorpora qualquer fator biológico envolvido no comportamento do tumor. Para cada estádio, haverá alguns que respondem a um protocolo de tratamento, enquanto outros com o mesmo estádio não respondem; o insucesso é frequentemente reconhecido como recorrência no local primário ou envolvimento de gânglios linfáticos regionais. Por conseguinte, é razoável assumir que, para um estádio específico, é possível dividir os tumores em tumores com um comportamento menos agressivo e tumores com um comportamento mais agressivo. Isto significaria que, a nível molecular, existe heterogeneidade entre tumores com a mesma origem, tipo histológico e nível de diferenciação. As observações clínicas no cancro oral apoiam ainda mais este conceito de "agressão biológica", na medida em que alguns tumores malignos se disseminam numa fase precoce, enquanto outros permanecem localizados durante mais tempo.[41]

Tal como referido anteriormente, foi observada alguma correlação entre a expressão genética e o estadiamento TNM do tumor. No entanto, estes resultados baseiam-se em amostras pequenas, pelo que devem ser interpretados com precaução. Os resultados relativos a outros cancros também não são conclusivos. Agnatis et al. não registaram qualquer correlação entre o estádio do tumor e a expressão do oncogene H-Ras no cancro da mama. No entanto, encontraram uma correlação entre a histologia e a expressão do H-Ras. Correlacionaram o estadiamento de Duke dos tumores colorrectais com a expressão de p21 Ras. A amplificação do gene N-Myc correlacionou-se com o grau de agressividade dos neuroblastomas[41].

Os métodos de avaliação das lesões pré-malignas e dos cancros da mucosa oral foram recentemente revistos por Burkhardt. Esta revisão concluiu que a avaliação do potencial biológico das lesões pré-cancerosas e cancerosas continua a basear-se na avaliação histológica por microscopia ótica. O envolvimento dos oncogenes na transformação maligna dos tumores oferece assim um novo parâmetro para medir a carcinogénese. No entanto, existe uma grande variedade de resultados e discrepâncias na

A expressão de oncogenes em diferentes tumores é observada. Atualmente, ainda não existem provas diretas de um papel dos oncogenes na determinação da agressividade de um tumor. Uma tal descoberta seria, de facto, inestimável, uma vez que serviria como um excelente indicador de prognóstico. Uma correlação entre a expressão do oncogene ou a alteração genética e a sobrevivência seria uma das informações clínicas mais valiosas. Isto seria útil não só do ponto de vista do prognóstico potencial, mas também forneceria informações sobre o papel de genes específicos na fase mais agressiva da doença. Para tal, seria necessária uma abordagem multiparamétrica que examinasse uma vasta gama de oncogenes e respectivos produtos num grande número de amostras. Esta abordagem da análise da função imunitária levou à criação de um excelente sistema de determinação do prognóstico para os tumores de células escamosas do colo do útero, numa altura em que o conceito de um papel do sistema imunitário no cancro se tornava cada vez mais cético. No futuro, poderá ser possível prever um "índice molecular" dos cancros humanos que conduza à realização de todo o potencial clínico da investigação sobre os oncogenes[41].

7. MICRO RNAS E RAS ONCOGENES NO CANCRO ORAL

MicroRNAs e suas funções biológicas

Os microRNAs (miRNAs) são pequenos produtos genéticos de RNA não codificante, com cerca de 22 nucleótidos de comprimento, presentes em diversos seres vivos e desempenham um papel fundamental na regulação da tradução e/ou degradação dos mRNAs através do emparelhamento de bases com a região semi-complementar, predominantemente na região não traduzida (UTR) do RNA mensageiro (mRNA). A expressão do ARNm é modulada pelos microARNs a nível pós-transcricional. Além disso, estima-se que existam aproximadamente mais de 1 000 miRNAs no Homo sapiens, que podem ser responsáveis pela regulação de cerca de 30% dos genes humanos. Os miRNAs estão envolvidos em vários processos celulares vitais, incluindo a resistência ao stress, a proliferação celular, a morte celular e o metabolismo das gorduras, através da regulação da expressão de vários genes [2].

MicroRNAs e Ras Oncogenes no cancro oral

A possível ligação entre o miRNA e o cancro foi descoberta em 2005, quando um estudo de análise in silico descobriu que existia um local alvo do miRNA let-7 na região 30-untranslated (UTR) do let-60, um ortólogo dos oncogenes Ras no C. elegans. O estudo também observou que a expressão do let-7 era mais baixa nos tecidos de cancro do pulmão do que nos tecidos pulmonares normais correspondentes, mas que, pelo contrário, a expressão da proteína Ras era significativamente mais elevada. Do mesmo modo, o miRNA-181a foi frequentemente desregulado no carcinoma espinocelular oral (OSCC) e esta desregulação parece determinar o nível de expressão do gene K-Ras, sugerindo que o miR-181a é um regulador único do K-Ras no OSCC (Figura 21). A sobreexpressão do miR-181a resultou numa diminuição da proliferação e do número de colónias no ensaio de formação de colónias independente de ancoragem do CCEO. Além disso, o miR-181a reduziu drasticamente o crescimento do CCEO em cultura tridimensional organotípica de jangadas, o que sugere um potente efeito supressor de tumores no CCEO através da regulação negativa do K-Ras, sendo este efeito supressor mediado pela inibição do K-Ras.

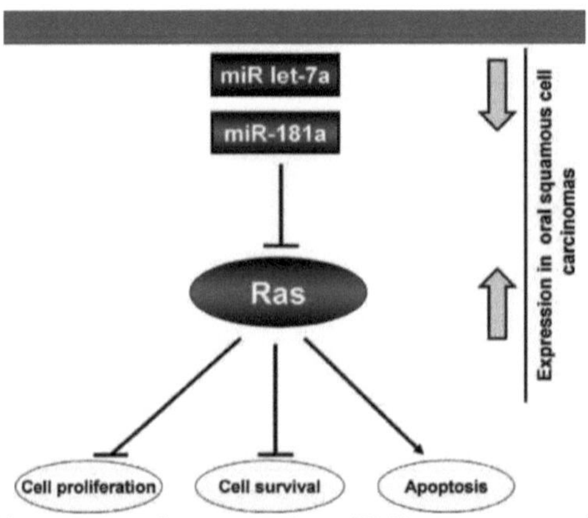

Figura 21: Efeito supressor de tumores dos miRNAs no cancro oral. Os miRNAs específicos do CCEO, como o miR let-7a e o miR-181a, reprimem a transcrição dos oncogenes Ras e mantêm uma expressão rigorosamente controlada. No CCEO, a regulação negativa dependente do contexto destes miRNAs resulta na ativação transcricional dos oncogenes Ras.[2]

Regulação mediada por microRNA dos oncogenes Ras no cancro oral

MiRNAs e oncogenes Ras: Papel supressor de tumores no cancro oral

O mecanismo de supressão de tumores é identificado principalmente pelas caraterísticas dos efeitos anti-proliferativos das vias de senescência e é assinalado principalmente pelas vias ARF/p53 e p16INK4A/Rb, sendo estas vias frequentemente inactivadas nos cancros humanos, incluindo os cancros orais. Além disso, foi demonstrado que o miRNA let-7 regula negativamente os oncogenes Ras e c-Myc a nível da tradução (Fig. 21). Um estudo que comparou amostras de tecido normal e de carcinoma espinocelular da laringe para determinar a expressão do miRNA let-7a maduro revelou que as expressões globais do miRNA let-7 foram significativamente reduzidas em mais de duas vezes nos tecidos cancerosos em comparação com o tecido normal emparelhado. Verificou-se que os níveis de let-7a estavam consideravelmente diminuídos em vários tumores com diferentes estádios clínicos e graus patológicos, em comparação com os tecidos normais correspondentes. Além disso, os níveis de let-7a foram significativamente mais baixos em tecidos tumorais indiferenciados do que em tecidos tumorais moderadamente e bem diferenciados, embora não tenha sido observada qualquer diferença significativa entre doentes com diferentes estádios tumorais ou estados de metástases nos gânglios linfáticos. células transfectadas com miRNA que não tiveram qualquer efeito conspícuo.[2,45]

MiRNAs e oncogenes Ras: Papel oncogénico no cancro oral

O miR-21 foi descrito como estando altamente expresso nos tecidos do carcinoma espinocelular oral (OSCC) e do carcinoma espinocelular da laringe (LSCC) da cabeça e do pescoço, em comparação com os tecidos não cancerosos adjacentes. A expressão do miR-21 foi significativamente correlacionada com tumores com estádios clínicos avançados, como a diferenciação pobre e o grau T3-4, ou com metástases nos gânglios linfáticos, sugerindo que o miR-21 pode desempenhar um papel crítico na progressão do CECP. Para delinear o papel do miR-21 no CECP, Ren et al. realizaram uma série de experiências após a transdução estável de células Hep-2 com um vetor lentiviral que transportava o oligonucleótido anti-sentido (ASO) do miR-21 e um vetor lentiviral GFP de controlo. Embora Ren et al. não tenham observado qualquer alteração significativa nas taxas de sobrevivência das células Hep-2, a viabilidade das células Hep-2 transduzidas com ASO-miR-21 diminuiu significativamente. Estes resultados sugerem que a regulação negativa do miR-21 inibe a viabilidade das células Hep-2. Além disso, observou-se que as células transduzidas com o lentivírus ASO-miR-21 apresentavam um número significativamente reduzido de células invasivas em comparação com as células infectadas com o lentivírus de controlo, o que sugere que a desregulação do miR-21 inibe a invasão das células Hep-2. Também se observou que a regulação negativa do miR-21 induz a paragem da fase G1 das células Hep-2. Além disso, a análise citométrica de fluxo da transdução de células Hep-2 por ASO- miR-21 mediada por lentivírus revelou um aumento óbvio das percentagens de células apoptóticas em comparação com as células de controlo. Isto mostra coletivamente que a regulação negativa do miR-21 é importante para induzir a apoptose nas células Hep-2 (Figura 22).[2,44]

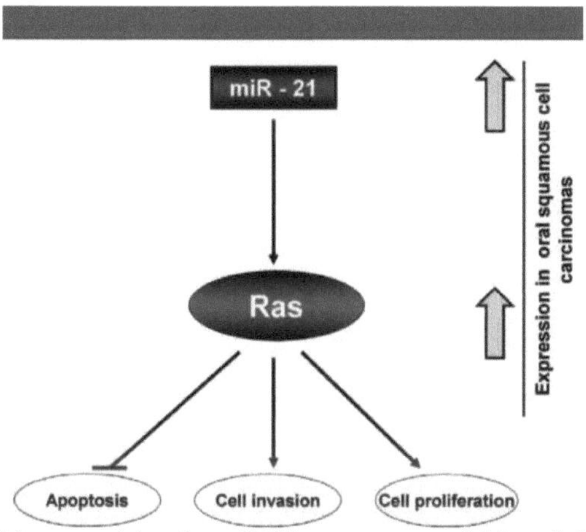

Figura 22: Efeito oncogénico dos miRNAs no cancro oral. Nas células escamosas normais, o miR-21a ativa a transcrição dos genes Ras para um crescimento celular regular. A regulação positiva do miR-21 hiperactiva a transcrição dos genes Ras no CCEO.[2]

Além disso, a deteção da proteína Ras por western blot nas células Hep-2 transduzidas de forma estável com ASO-miR-21 revelou uma diminuição da expressão da proteína Ras nas células ASOmiR-21, ao passo que as células de controlo não revelaram qualquer alteração da expressão. Isto sugere que a supressão/silenciamento do miR-21 regula negativamente a expressão de Ras nas células LSCC. Em consonância com estes resultados, o autor também observou que a administração repetida do lentivírus ASO-miR-21 suprimiu o crescimento do tumor induzido pelas células Hep-2 em ratinhos, embora o crescimento das células tumorais e o volume do tumor não tenham sido alterados nos ratinhos tratados com o lentivírus GFP. A coloração imuno-histoquímica dos tecidos tumorais administrados com ASO-miR-lentivírus ou GFP-lentivírus mostrou uma coloração positiva para o anticorpo anti-Ras no citoplasma; no entanto, os tecidos tumorais dos ratinhos tratados com ASO-miR-21 mostraram uma coloração fraca, ao passo que se observou uma coloração mais forte nos tecidos tumorais dos ratinhos de controlo tratados com GFP-lentivírus. Estes resultados sugerem que o Ras é o potencial alvo do miR-21 no cancro oral. No seu conjunto, estes dados sugerem que é provável que o miR-21 desempenhe um papel oncogénico nos processos celulares do cancro oral, tendo como alvo a molécula Ras, e pode representar um novo alvo terapêutico para terapias eficazes no cancro oral. Embora este estudo tenha demonstrado que a Ras é o potencial alvo do miR-21, não esclarece os tipos de Ras que poderiam ser activados por este miR-21. Seria muito interessante e melhoraria a segmentação específica se estudos futuros esclarecessem que tipo de isoforma de Ras é principalmente visada por este miR-21 no cancro oral (Figura 22).[2]

MiRNAs e oncogenes Ras: Determinantes terapêuticos no cancro oral

A terapêutica é determinada principalmente com base na natureza e na extensão da doença. Mais recentemente, tem-se especulado que os miRNAs têm um papel potencial como determinantes terapêuticos nos cancros humanos.[46] Está bem estabelecido que vários miRNAs estão envolvidos na disseminação do tumor. Por exemplo, o miRNA let-7i atenua a migração das células cancerosas da cabeça e do pescoço através da repressão da proteína morfogenética óssea (BMP4). E prevê-se que o modelo de movimento das células epiteliais, como o modo mesenquimal e ameboide, esteja associado à invasão local e às metástases à distância, respetivamente.[47]

Foram identificadas variantes genéticas nos genes potenciais que alteram o risco da doença e, nalguns casos, a variação genética foi associada ao resultado da doença. Por outro lado, a ligação dos miRNAs através do emparelhamento de bases Watson-Crick ao seu mRNA alvo é importante para a regulação do nível de mRNA e subsequente tradução em proteína. Além disso, como se mostra na Figura 23, os polimorfismos de nucleótido único (SNP) na sequência de semente dos miRNAs maduros podem reforçar ou reduzir a interação de ligação entre o miRNA e o seu mRNA alvo. Do mesmo modo, o facto de residir ou surgir um SNP no sítio de ligação do miRNA do ARN mensageiro pode alterar a eficácia da ligação do miRNA ao sítio de ligação existente, resultando na perda ou na criação de sítios de ligação do miRNA (figura 24). Em particular, os SNP 30-UTR nos locais de ligação do miRNA dos proto-oncogenes não só anulam a sua regulação pós-transcricional, o que resulta na elevação das proteínas oncogénicas, na tumorigénese e na progressão, como também podem modular a resposta aos medicamentos em doentes com cancro.[44] Por outro lado, foi levantada a hipótese de que os SNPs na sequência de semente do mRNA/miRNA poderiam causar haploinsuficiência ao nível das proteínas através da alteração da especificidade de ligação dos miRNAs.[48] Assim, os SNPs no local de ligação do miRNA resultam na alteração ou abolição da expressão do gene e da proteína e exibem um tipo diferente de variação genética que poderia ter um efeito profundo no risco e na sobrevivência do cancro humano.[49]

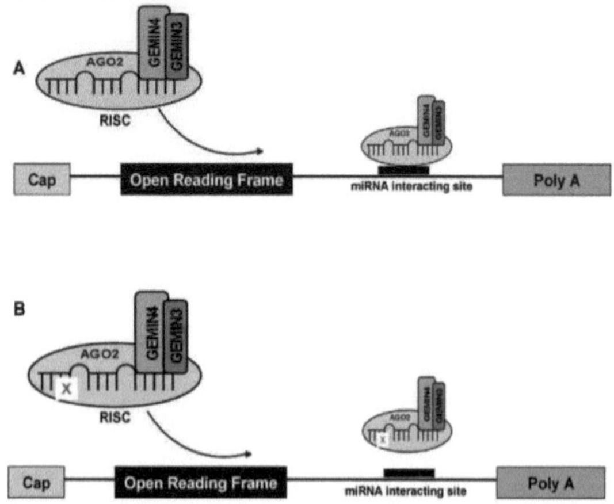

Figura 23: Representação esquemática de SNPs na semente do miRNA. (A) Mostra as sequências de semente normais do miRNA maduro e a sua ligação ao mRNA. (B) Mostra que um polimorfismo de nucleótido único (SNP) nas sequências de semente do miRNA maduro resulta num efeito deletério entre o miRNA e o seu mRNA alvo. Os SNP na sequência de semente ou facilitam uma ligação eficiente ou destroem completamente os sítios de ligação do alvo.[2]

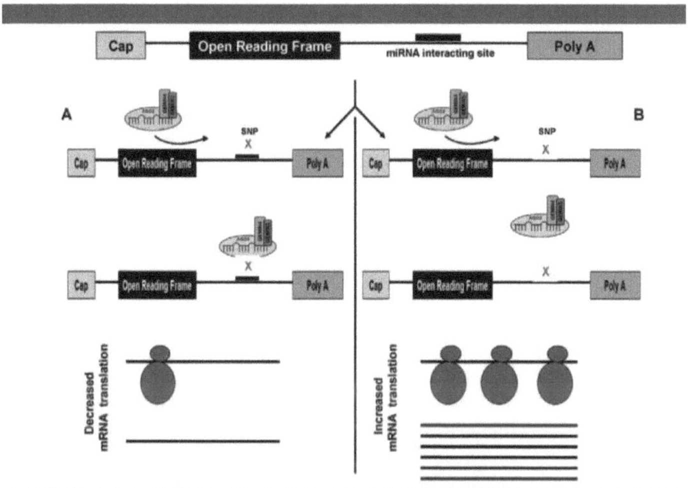

Figura 24: Representação diagramática dos SNP nas regiões reguladoras do ARNm. A presença de SNPs na região 30 não traduzida (UTR) do mRNA modula a interação entre o miRNA e o mRNA de forma semelhante à dos SNPs na semente do miRNA. (A) Mostra que um SNP nas regiões reguladoras do ARNm determina a ligação do ARNm e a subsequente tradução do ARNm, uma vez que estes SNPs podem criar um local de ligação do ARNm. (B) Mostra que um SNP nas regiões reguladoras do ARNm destrói o local de ligação do ARNm no ARNm, resultando numa maior tradução do ARNm.[2]

Além disso, um estudo de caso-controlo de base populacional investigou a existência de um SNP na 30 UTR do K-Ras que inibe a regulação negativa mediada pelo miRNA let7 no CCEO.[50] Foi demonstrado que a presença da variante alélica KrasLCS6 (sítio complementar 6 do let-7) estava significativamente associada a um mau prognóstico dos doentes no CECP e era pior nos casos de cancro oral. Sabe-se que o K-Ras é regulado pela família de miRNA let-7 e as associações entre o aumento da expressão do K-Ras e do K-Ras com o alelo da variante LCS foram bem estudadas.[29]

Além disso, a ativação aberrante do K-Ras está bem demonstrada em cancros humanos, com uma prevalência significativamente mais elevada de mutações do K-Ras em NSCLC.[51]

Em contrapartida, foi observada uma baixa incidência de mutação do K-Ras (4,5%) e uma incidência significativamente mais elevada de sobreexpressão do K-Ras (29%) nos cancros orais. Foi sugerido que a sobreexpressão de K-Ras estava associada ao alelo variante Kras-LCS6 e que poderia, por conseguinte, ser um substituto para a ativação de K-Ras por alterações mutacionais somáticas. O alelo variante Kras-LCS6 pode ser um mecanismo alternativo para a ativação do K-Ras através de mutação. É importante salientar que esta hipótese foi proposta por Chin e pelo seu grupo com base no seu estudo que demonstrou um risco elevado de CPNPC em doentes fumadores baixos a moderados com o alelo variante Kras-LCS6. No entanto, Christensen e o seu grupo não encontraram qualquer associação entre o alelo da variante K-Ras-LCS e o risco de CCEO. Além disso, o risco não foi alterado de forma consistente quando estratificado com base no tabaco, na exposição ao álcool e na infeção por HPV16. Por outro lado, os doentes com CCEO com o alelo variante Kras-LCS6 apresentaram uma taxa de sobrevivência significativamente baixa em comparação com os indivíduos de tipo selvagem, o que sugere que o alelo Kras-LCS6 pode ter um papel na progressão do tumor e não na sua iniciação (Figura 25).[2]

Além disso, a análise das linhas celulares do painel NCI-60 revelou que a mutação somática activadora do K-Ras e o alelo variante LCS6 do K-Ras eram mutuamente exclusivos, sugerindo que qualquer um dos dois eventos, como uma mutação somática activadora do K-Ras ou a variante do K-Ras, por si só, é suficiente para induzir a tumorigénese e indicando, em alternativa, que ambos os eventos genéticos são funcionalmente comparáveis entre si. Esta exclusividade mútua foi encontrada numa variedade de linhas celulares de cancro.[52] Além disso, verificou-se que a expressão de let-7 era relativamente semelhante em casos de tumores orais e faríngeos de CECP. No entanto, tem sido implicado que a amplificação do tipo selvagem K-Ras confere crescimento aos carcinomas de células escamosas da cabeça e do pescoço.[53] Além disso, a sobre-expressão das proteínas Ras, que incluem H, K e N-Ras, foi predominantemente associada a tumores em estádios tardios e a um tamanho de tumor relativamente maior.[54]

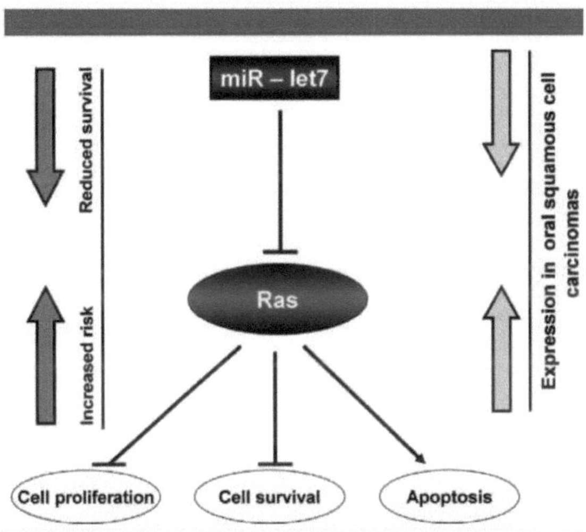

Figura 25: A modulação mediada por Let-7 dos oncogenes Ras prediz o risco e a sobrevivência no cancro oral. A regulação negativa do miR-let-7 regula

positivamente a transcrição dos oncogenes Ras que representam o risco acrescido de CCEO com fraca sobrevivência.[2]

8. FACTORES CELULARES NO CANCRO ORAL

8.1 FACTORES DE CRESCIMENTO NO CANCRO ORAL

Os factores de crescimento influenciam a diferenciação das células normais e a ativação constitutiva das vias de promoção do crescimento nas células cancerosas pode também modular o fenótipo celular. As acções parácrinas dos factores de crescimento e das citocinas podem também influenciar a série gradual de acontecimentos genéticos que conduzem à malignidade. Estão a ser desenvolvidas novas abordagens para a terapia do cancro que intervêm em várias etapas das vias de sinalização dos factores de crescimento[55].

A descoberta do fator de crescimento dos nervos (NGF) e do fator de crescimento epidérmico (EGF) levou à identificação de uma vasta gama de factores que afectam o crescimento de praticamente todos os tipos de células. Estes factores podem atuar como moduladores positivos ou negativos da proliferação celular e influenciar a diferenciação. A interação de factores de crescimento, citocinas e hormonas com receptores de membrana específicos desencadeia uma cascata de sinais bioquímicos intracelulares, resultando na ativação e repressão de vários subconjuntos de genes. As aberrações genéticas nas vias de sinalização dos factores de crescimento estão indissociavelmente ligadas a anomalias do desenvolvimento e a uma série de doenças crónicas, incluindo o cancro. As células malignas surgem como resultado de uma progressão gradual de eventos genéticos que incluem a expressão desregulada de factores de crescimento ou de componentes das suas vias de sinalização[55,56].

Regulação da capacidade de resposta mitogénica aos factores de crescimento

Os factores de crescimento fazem com que as células na fase de repouso ou Go entrem e avancem no ciclo celular. A resposta mitogénica ocorre em duas partes; a célula quiescente tem primeiro de ser avançada para a fase G1 do ciclo celular por factores de "competência", atravessar a fase G1 e, em seguida, comprometer-se com a síntese de ADN sob a influência de factores de "progressão". A transição para a fase G1 requer uma estimulação sustentada do fator de crescimento durante um período de várias horas (Figura 26). Se o sinal for interrompido durante um curto período de tempo, a célula regressa ao estado Go. Existe também um período crítico em G, durante o qual é necessária a estimulação simultânea de ambos os factores para permitir a progressão no ciclo celular. Após este ponto de restrição, apenas é necessária a presença de um fator de "progressão", como o fator de crescimento semelhante à insulina 1 (IGF-1). Citocinas como o fator de crescimento transformador m (TGFO), o interferão ou o fator de necrose tumoral (TNF) podem antagonizar os efeitos proliferativos dos factores de crescimento. No caso do TGFOi, estes efeitos podem ser observados mesmo quando as células são tratadas com a citocina relativamente tarde em G1 .[55]

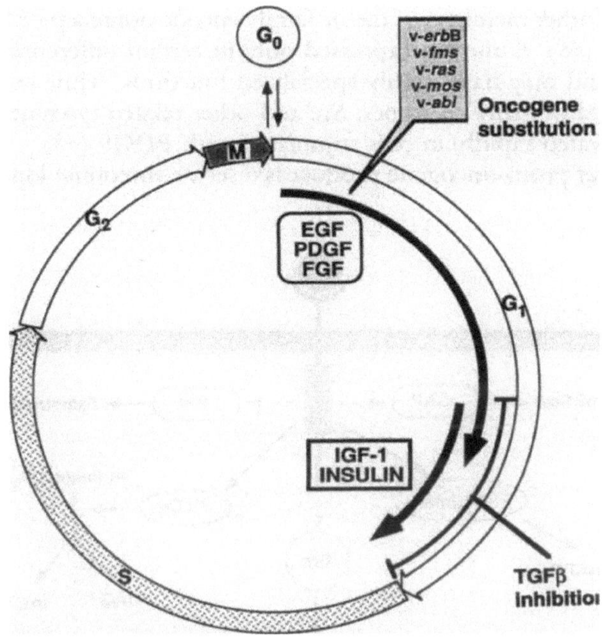

Figura 26: Requisitos dos factores de crescimento durante o ciclo celular. Uma representação esquemática dos requisitos para as acções coordenadas de dois factores de crescimento complementares para induzir a síntese de ADN celular. Nas células BALB-MK, vários oncogenes podem substituir especificamente o requisito do fator de competência. A capacidade do TGFI para inibir o início da síntese de ADN, mesmo quando adicionado no final de G1, também está representada.[55]

A ligação do fator de crescimento ao cancro oral

A sinalização dos receptores de factores de crescimento ativa uma série de vias envolvidas na proliferação e sobrevivência celular. A sobreexpressão e a ativação de vários receptores de factores de crescimento têm sido implicadas em vários tipos de cancro. A progressão de células tumorais para um fenótipo invasivo requer uma série de passos importantes, incluindo a perda de complexos de adesão celular e a migração de células tumorais para locais distantes. Estas etapas são reguladas por receptores de factores de crescimento, como o recetor do fator de crescimento epidérmico (EGFR) e o c-Met, que conduzem à metástase. A sobreexpressão e a ativação do EGFR conduzem à perda de adesões intercelulares através da regulação negativa das E-caderinas, dos desmossomas e da quinase de adesão focal. Além disso, a sinalização do EGFR pode regular positivamente as metaloproteases da matriz (MMPs), levando à degradação da matriz extracelular e ao aumento da motilidade. A sinalização do fator de crescimento dos hepatócitos (HGF)/c-Met também pode perturbar a expressão da E-caderina e aumentar a expressão das MMP, resultando num fenótipo mais invasivo.[57]

Expressão do Recetor do Fator de Crescimento Epidérmico no Carcinoma de Células Escamosas da Cabeça e Pescoço

O EGFR é um membro da família ErbB de receptores tirosina-quinases transmembranares de superfície celular. A ativação do EGFR através da ligação do ligando ao domínio extracelular conduz à dimerização do recetor e à ativação da sua quinase e subsequente ativação de várias vias de sinalização a jusante, incluindo as vias dos transdutores de sinal e activadores da transcrição (STATs), da proteína quinase activada por mitogénio (MAPK), da AKT e da fosfolipase C (PLC). Estas vias medeiam várias respostas celulares, incluindo a proliferação celular, a sobrevivência, a motilidade celular, a invasão e a adesão.[58] Estas funções celulares desempenham papéis cruciais no processo de invasão das células tumorais. É amplamente aceite que o EGFR e os seus ligandos estão sobre-expressos numa série de tumores epiteliais.[59] O ligando EGFR, o fator de crescimento transformador-a (TGF-a), o ARNm do EGFR e a proteína demonstraram estar altamente sobre-expressos em amostras tumorais de doentes com CECP.[57]

Via de sinalização do EGFR nas metástases do carcinoma espinocelular da cabeça e do pescoço (HNSCC)

O ligando EGFR liga-se ao EGFR, levando à autofosforilação de cinco sítios e à fosforilação da PLC-g1. Isto leva à hidrólise do PIP2 em IP3 e DAG. Em última análise, estas duas vias podem ativar a via PKC/Raf/ERK. Esta ativa a MMP3, que é capaz de degradar a membrana basal. A sinalização EGFR também induz a via PI3K/Akt, levando à regulação positiva de SNAIL, um supressor da E-caderina. Isto resulta na perda de adesão celular e no fenótipo invasivo. O EGFR também regula negativamente o DSG2 e o DSC2, o que leva à perda de montagem dos desmossomas e à redução da adesão celular. O EGFR pode ativar a via MAPK/ERK, levando à ativação de MMP2 e MMP9. Isto resulta na degradação da MEC e no aumento da motilidade. PLCg-1 fosfolipase C gama 1; PIP2 fosfatidilinositol (4,5) bifosfato; IP3 inositol trifosfato; DAG diacilglicerol; PKC proteína quinase C; ERK quinase regulada por sinal extracelular; MAPK proteína quinase activada por mitogénio; MMP metaloproteinase da matriz; EGFR recetor do fator de crescimento epidérmico; PI-3K fosfoinositídeo quinase 3 (Figura 27).[57,59]

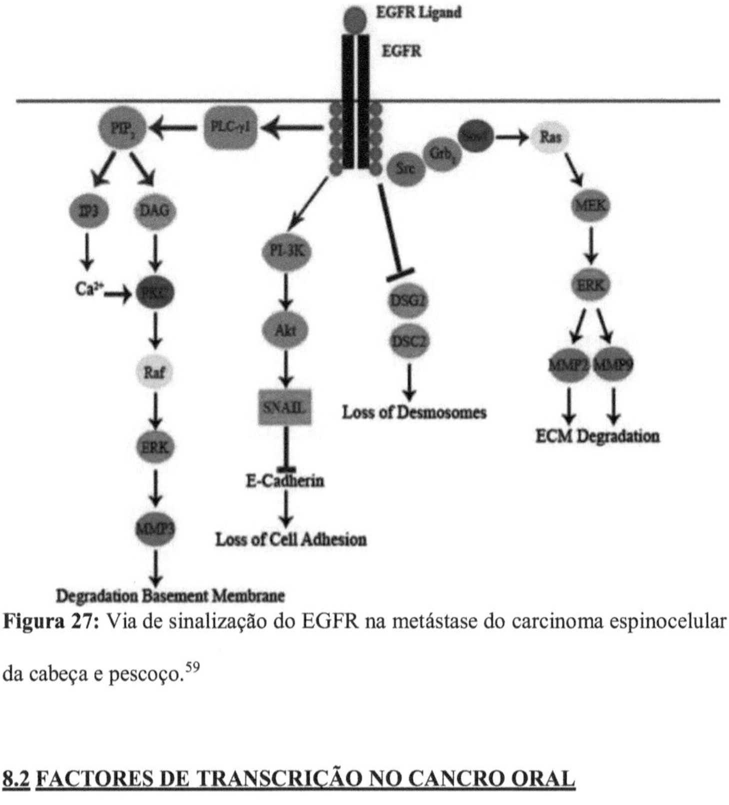

Figura 27: Via de sinalização do EGFR na metástase do carcinoma espinocelular da cabeça e pescoço.[59]

8.2 FACTORES DE TRANSCRIÇÃO NO CANCRO ORAL

Os factores transcricionais, ou proteínas que regulam a expressão de outros genes, também estão alterados no cancro oral. A modulação da expressão dos genes é um resultado importante na alteração das vias intracelulares. O fator de transcrição c-Myc, que ajuda a regular a proliferação e diferenciação celular, está frequentemente sobre-expresso no cancro oral.[60] A sobre-expressão devida à amplificação do gene c-Myc está mais frequentemente associada a tumores pouco diferenciados e a um mau prognóstico. Os genes cuja expressão é estimulada pelo c-Myc e o seu significado para a carcinogénese oral são pouco conhecidos. Outro fator de transcrição, o promotor do ciclo celular PRADI (também CCNDI ou ciclina DI), é um promotor do ciclo celular que também está amplificado no cancro da cabeça e do pescoço, enquanto a ciclina DI é um importante promotor da proliferação celular.[61]

Factores de transcrição como proteínas transformadoras

Um número crescente de proto-oncogenes conhecidos codifica proteínas nucleares (Quadro 4). Cinco destas representam factores de transcrição previamente reconhecidos, ou parentes próximos; pelo menos seis outras podem codificar factores de transcrição encontrados até à data apenas através do estudo dos proto-oncogenes. A modulação da expressão genética é frequentemente uma ramificação importante da sinalização intracelular e desempenha um papel vital no controlo da proliferação celular. Por exemplo, a saída do GO do ciclo celular é acompanhada por múltiplas alterações na expressão dos genes. Os meios através dos quais isso acontece ainda não foram definidos em pormenor, mas a fosforilação dos factores de transcrição pode ter um papel importante na trama. Não surpreende, portanto, que o mau funcionamento de pelo menos alguns factores de transcrição possa provocar um crescimento neoplásico. O modo de funcionamento incorreto permanece incerto. Em alguns casos, factores de transcrição anormalmente activos podem induzir a expressão indesejada de genes. Noutros, variedades mutantes de factores de transcrição podem atuar como repressores "negativos dominantes" da expressão genética[60].

Tabela 4. Proto-Oncogenes com produtos nucleares[60].

ERBA	Transcription factor (thyroid hormone receptor)
FOS	Transcription factor (AP-I)
JUN	Transcription factor (AP-I)
MYB	Transcription factor
MYC	Transcription factor
N-MYC	Transcription factor
REL	Transcription factor
SKI	(resembles NF-KB)
SPI-I	Transcription Factor (PU.I)

Factores de transcrição nuclear no cancro oral

Os factores de transcrição nuclear são proteínas ou complexos proteicos que funcionam para promover a transcrição do ADN genómico em ARN mensageiro, ligando-se às suas sequências curtas específicas de reconhecimento do ADN (designadas por motivos ou sítios de ligação) na região promotora 5c dos genes-alvo. A sua ligação ao ADN pode ser induzida ou constitutiva, e modulada entre estados inactivos, repressivos ou activados por sinais extracelulares ou intracelulares. Os motivos de ligação dos factores de transcrição estão presentes em vários genes e a maioria dos factores de transcrição regula vários genes-alvo para coordenar as alterações moleculares necessárias para uma resposta fenotípica[62].

Os factores de transcrição nuclear podem regular vários genes importantes para as alterações fenotípicas do cancro, como os relacionados com o ciclo celular, a reparação e síntese do ADN e a morte celular (por exemplo, p53 e E2F), ou conjuntos mais amplos de genes envolvidos na proliferação celular, sobrevivência, inflamação, angiogénese, adesão e migração.[62]

Exemplo:

- Proteína activadora-1 [AP-1],
- Fator nuclear-kappa B [NF-kB],
- Fator de transdução de sinal e de transcrição [STAT]-3,
- Resposta precoce ao crescimento-1 [EGR-1], e
- DeltaNp63 [ΔNp63]).

O fator de transcrição **AP-1** é composto por proteínas da família c-JUN e FOS. JUN foi originalmente descrito como um oncogene viral que promove a proliferação e a sobrevivência celular. Os proto-oncogenes celulares c-JUN e FRA-1 são membros da família que se mostram activados e que se ligam e regulam genes alvo no CECP. As proteínas da família JUN e FOS são activadas principalmente pelas vias da proteína quinase activada por mitogénio (MAPK), que, por sua vez, medeiam sinais de várias citocinas, factores de crescimento, receptores e cinases a montante, cuja expressão ou função está geralmente alterada no CECP. Estes incluem o ligando e a família de receptores do fator de crescimento epidérmico (EGF), as cinases RAS e SRC, elas próprias consideradas oncogenes no CECP e noutros tipos de cancro. A AP-1 e estes activadores de sinal a montante ajudam a ativar o ciclo celular e as proteínas de sobrevivência, como a ciclina D e a família de proteínas BCL, bem como os genes que codificam as proteínas envolvidas na remodelação da matriz através das metaloproteinases da matriz (MMP), a adesão e a motilidade celulares, e a angiogénese e a inflamação através da produção do fator de crescimento endotelial vascular (VEGF) e da interleucina (IL)-8, que medeiam eventos importantes na metástase .[62]

A família de factores de transcrição **NF-kB** é composta por 5 subunidades, NF-kB1 (p50), NF-kB2 (p52), RELA, RELB e c-REL, que se combinam de diferentes formas para formar complexos proteicos heterodiméricos NF-kB que se ligam, no estado inactivado, aos inibidores-kBs (IkBs) no citoplasma da célula. A ativação de sinais de NF-kBs envolve a fosforilação de IkB por IkB kinases (IKKs), após o que os complexos NF-kB/REL são translocados para o núcleo da célula, onde podem ativar diversos programas de transcrição.[62]

O STAT3 é um fator de transcrição ativador implicado no CECP. O STAT3 pode ser ativado por EGFR e/ou IL-6R e pelos seus ligandos, o fator de crescimento transformador-a (TGF-a) e a IL-6. A ativação via EGFR pode envolver SRC e via IL-6 pode envolver as cinases JAK e/ou MEK. A fosforilação e a dimerização do STAT3 resultam na ligação ao ADN. Os genes alvo do STAT3 incluem o BCL-XL, um gene antiapoptótico chave envolvido na sobrevivência celular das células HNSCC, bem como o fator de transcrição c-MYC e a ciclina de fase G1 cyclinD.[62]

O EGR-1 é outro fator de transcrição induzido por mitogénios, ativado no CECP pelo fator de crescimento dos hepatócitos/fator de dispersão (HGF/SF) e pelo c-MET, que codifica o recetor do HGF. A sobreexpressão de HGF pelo estroma tumoral e o aumento da capacidade de resposta à ativação de c-MET têm sido implicados na metástase dos gânglios linfáticos do CECP. A sinalização do HGF e do c-MET induz a ativação do EGR1 através das vias da proteína quinase C (PKC) e da MAPK. O EGR1 promove a expressão dos factores de angiogénese, VEGF e fator de crescimento derivado das plaquetas (PDGF), que são importantes na progressão tumoral e nas metástases.[62]

O ΔNp63 é outro membro da família p53, cuja função se distingue da do p53 como fator de transcrição pró-sobrevivência. O ΔNp63 está sobre-expresso num subconjunto de CECP e pode promover a proliferação celular através da repressão da expressão de p53 e do seu alvo regulador do ciclo celular p21. Também foi demonstrado que promove a sobrevivência, através da ligação e inibição de outro membro pró-apoptótico da família p53, p73. ΔNp63 inibe a capacidade de p73 para promover a expressão dos genes que codificam NOXA e PUMA, que promovem a morte celular. Foi demonstrado que a ΔNp63 ativa um programa genético diferente do da p53 no cancro da mama, incluindo um programa genético de adesão celular e de proteases associado à metástase. Este programa genético inclui a integrina a6b4, que anteriormente demonstrou estar sobre-expressa no CECP com pior prognóstico.[62]

8.3 RECEPTORES DE SUPERFÍCIE CELULAR NO CANCRO ORAL.

As moléculas de superfície celular podem também ser importantes na inibição da proliferação de queratinócitos orais e da angiogénese. A E-caderina - uma molécula de adesão celular associada tanto à invasão como à metástase - está desregulada nos cancros orais. Embora os eventos genéticos exactos que resultam na degradação do complexo E-caderina-catenina na carcinogénese oral não sejam conhecidos, foram descritas mutações da E-caderina, da A-catenina e da A-catenina noutros tumores.

Atualmente, a A-catenina é amplamente reconhecida como um elemento essencial na cascata de sinalização Wingless/Wnt. Na ausência de sinalização Wnt, a APC é fosforilada pela serina quinase, glicogénio sintase quinase 3-A (GSK3-A), e depois interage com a A-catenina e indiretamente com a A-catenina, formando um complexo APC-catenina.[63]

Nos carcinomas de células escamosas orais, existe uma perda variável ou uma expressão reduzida das integrinas A1 e A6A4, especialmente nos carcinomas pouco diferenciados. Foi demonstrado que a localização e a quantidade da cadeia A6 estão alteradas, com níveis elevados de A6 em contraste com A4, tanto na mucosa oral pré-maligna como maligna. Este facto sugere que pode ser um marcador precoce, mas não específico, de malignidade oral e que podem estar envolvidos sinais extracelulares anormais. Recentemente, foi referido que as linhas celulares de carcinoma escamoso oral metastático apresentam uma forte expressão de integrinas A2-6 em comparação com as linhas celulares não metastáticas, e a expressão pronunciada observada nos carcinomas escamosos orais primários correlaciona-se significativamente com o modo de invasão tumoral e o envolvimento nodal[63].

Não só a alteração da expressão e/ou da função de várias destas moléculas de adesão celular resulta na infiltração tumoral e em metástases, como também existem atualmente provas irrefutáveis de que a uroquinase 92 kDa colagenase de tipo IV (MMP-9) é produzida pelas células tumorais, enquanto a colagenase de tipo I e as estromolisinas 2 e 3 são sintetizadas pelas células estromais. No entanto, a colagenase de tipo IV de 72 kDa (MMP-2), também encontrada em cancros orais, é estimulada pela MT-MMP, uma metaloproteinase da membrana celular.

Evidências recentes sugerem que as células estromais influenciam a síntese de uroquinase e MMP-9, embora os requisitos de transcrição e as vias de sinalização celular ainda não estejam totalmente elucidados[63,64].

Moléculas envolvidas na adesão, migração e invasão celular

Os HNSCCs apresentam alterações na expressão de um repertório de moléculas de adesão celular e substâncias da MEC que funcionam na ligação e migração. Foi detectado no CECP um aumento da expressão de moléculas de adesão celular denominadas integrinas. As integrinas são heterodímeros compostos por subunidades a e b que formam uma superfamília de receptores de superfície celular envolvidos na adesão e reconhecimento célula-célula e célula-ECM. Os heterodímeros das integrinas α6β4, α2β1 e α3β1 são normalmente expressos nas camadas em proliferação do epitélio de células escamosas, mas são expressos nas camadas suprabasilares de muitos CEC, em associação com o aumento da proliferação e imortalização que ocorrem durante o desenvolvimento inicial do tumor.[62]

Foi demonstrado que a expressão da integrina α6β4 promove o comportamento agressivo dos tumores. Verificou-se que as integrinas α6 β4, α2β1 e α3β1 são receptores da proteína laminina da MEC e que as integrinas α2β1 e α3β1 também se ligam ao colagénio. Os HNSCCs segregam o componente da membrana basal laminina in vitro e in situ, e o bloqueio de α6β4, α2β1 e α3β1 inibe completamente a ligação do HNSCC à laminina e ao colagénio. O anticorpo monoclonal para a integrina α6 também demonstrou reduzir a ligação a células endoteliais activadas. Assim, o CECP apresenta alterações constitutivas na expressão de um repertório de moléculas de adesão celular de integrina, e a expressão da integrina α6β4, em particular, está associada a um comportamento tumoral agressivo.[62]

Recentemente, foi demonstrado que a expressão da integrina α6β4 é regulada positivamente pelo fator de transcrição 5Np63 nos cancros da mama e da cabeça e pescoço. O aumento da expressão e da ativação de enzimas envolvidas na remodelação da MEC foi detectado no CECP e está associado a um aumento da invasividade. As MMPs compreendem uma família de proteases que digerem a MEC e estão activadas no CECP (Figura 28).[62]

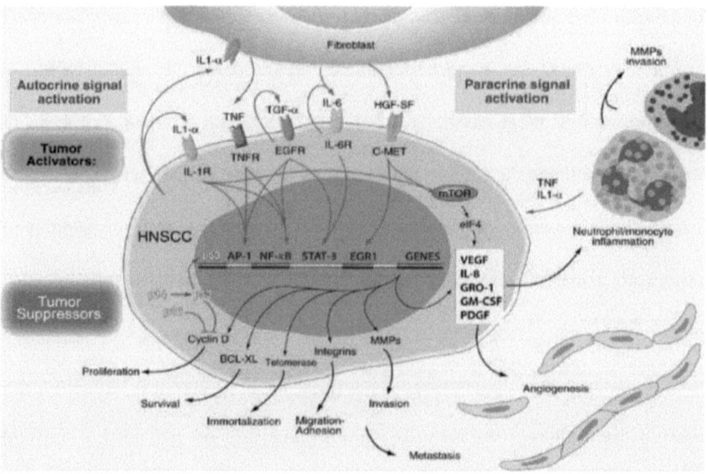

Figura 28: Modulação dos factores de transcrição nuclear em resposta a sinais mediados por factores autócrinos e parácrinos que activam ou suprimem a progressão do tumor e a metástase do CECP. Os factores produzidos pelas células tumorais e hospedeiras fornecem estímulos autócrinos e parácrinos que activam receptores de sinais, factores de transcrição e genes. Os genes activados por factores de transcrição provocam alterações celulares no CECP que conduzem à progressão

do tumor e a respostas inflamatórias e de angiogénese do hospedeiro que promovem a invasão e a metástase do tumor maligno. IL interleucina, TNF fator de necrose tumoral, TGF fator de crescimento transformador, EGFR recetor do fator de crescimento epidérmico, HGF/SF fator de crescimento de hepatócitos/fator de dispersão, AP proteína activadora, NF-kB fator nuclear-kappa B, STAT transdutores de sinal e activadores da transcrição, EGR resposta de crescimento precoce, p14/16 proteína de 14 e 16 kDa, p53 proteína de 53 kDa, BCL-XL proteína relacionada com BCL2, isoforma longa, MMP metaloproteinase da matriz, GRO oncogene regulado pelo crescimento, VEGF fator de crescimento endotelial vascular, GM-CSF fator estimulador de colónias de granulócitos e macrófagos, PDGF fator de crescimento derivado de plaquetas.[62]

O CECP apresenta uma expressão aumentada do ativador do plasminogénio do tipo uroquinase (uPA) e do recetor uPA, bem como da MMP-1 do tipo membranar, da colagenase 1, da estromelisina-1 e da gelatinase B. A expressão destes factores e a invasividade parecem ser induzidas por EGF ou HGF. A invasão de células estimuladas por EGF ou HGF é completamente suprimida por inibidores de MMP recombinantes e sintéticos. Estes estudos sugerem que as MMP podem ser mais importantes do que o sistema ativador do plasminogénio-plasmina na mediação da invasão das barreiras da matriz intersticial pelas células tumorais induzida pelo EGF ou pelo HGF. As células inflamatórias que se infiltram nos tumores também podem exprimir MMPs. A MMP-9 pode ser expressa por neutrófilos derivados do hospedeiro, macrófagos e mastócitos atraídos para o local do tumor. A MMP-9, expressa por células derivadas da medula óssea, parece promover a progressão tumoral maligna do carcinoma de células escamosas in vivo[62].

8.4 MENSAGEIROS INTRACELULARES NOS CANCROS ORAIS

A proliferação e a diferenciação celular são reguladas por uma série de hormonas, factores de crescimento e citocinas. Estas moléculas interagem com receptores celulares e comunicam com o núcleo da célula através de uma rede de vias de sinalização intracelular (Figura 29). Nas células cancerosas, os componentes-chave destas vias podem ser alterados por oncogenes através de sobreexpressão ou mutação, conduzindo a uma sinalização celular desregulada, à inibição da apoptose, a metástases e à proliferação celular. Os componentes destas vias de sinalização anormais, que são específicas das células neoplásicas, representam potenciais alvos selectivos para novas terapias anticancerígenas. Estes alvos potenciais incluem ligandos (normalmente factores de crescimento), receptores celulares, segundos mensageiros intracelulares e factores de transcrição nuclear. As moléculas de sinalização intracelular que desempenham um papel crítico na carcinogénese e na manutenção do fenótipo maligno são, na sua maioria, proteínas cinases[65].

PROTEÍNAS CINASES

As proteínas cinases são enzimas que ligam covalentemente fosfatos à cadeia lateral de resíduos de serina, treonina ou tirosina de proteínas específicas no interior das células. Além disso, alguns membros da família das fosfatidilinositol-cinases também apresentam atividade de proteína-serina/treonina-cinase. Esta fosforilação das proteínas pode controlar a sua atividade enzimática, a sua interação com outras proteínas e moléculas, a sua localização na célula e a sua propensão para a degradação por proteases. A sua atividade é normalmente controlada e regulada de forma rigorosa. A perturbação da sinalização das proteínas cinase por mutações e outras alterações genéticas resulta numa atividade cinase desregulada e na transformação maligna[65,66].

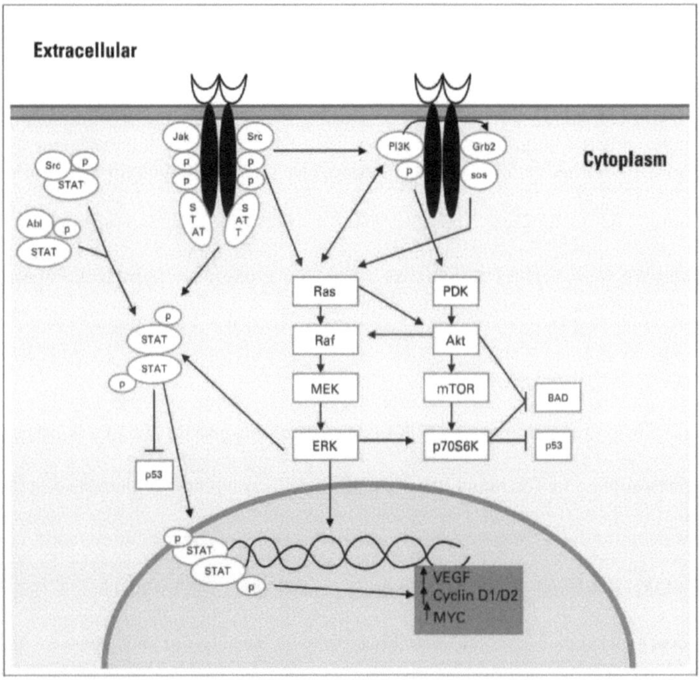

Figura 29: Esquema simplificado das vias de transdução de sinal intracelular. O ligando liga-se ao domínio extracelular dos receptores de membrana, que são então fosforilados, levando à ativação de segundos mensageiros citoplasmáticos, que activam sequencialmente factores de transcrição no núcleo. Os receptores e as tirosina-quinases não-receptoras são apresentados nesta figura. PI3K, fosfoinositídeo-3-quinase; MEK, proteína quinase quinase activada por mitogénio; ERK, quinase regulada por sinal extracelular, também conhecida como MAP

quinase; BAD, proteína pró-apoptótica da família Bcl-2; Src, serina-treonina quinase homóloga do oncogene do vírus do sarcoma de Rous; p70S6kinase, proteína ribossómica S6 quinase 40S; STAT, transdutor de sinal e ativador da transcrição; Akt, serina/treonina-proteína quinase RAC-alfa ou proteína quinase B; mTOR, alvo mamífero da rapamicina.[6]5

Entre os cerca de 32 000 genes codificadores identificados no genoma humano, encontram-se mais de 520 proteínas cinases que exercem um controlo rigoroso e reversível da fosforilação das proteínas. Assim, não é surpreendente que as proteínas cinases sejam consideradas o segundo grupo mais importante de alvos celulares de medicamentos, a seguir aos receptores acoplados à proteína G[66].

TIROSINA-QUINASES

As proteínas tirosina quinases (PTK) constituem uma grande fração dos cerca de 40 genes supressores de tumores e dos mais de 100 oncogenes dominantes descritos até à data. As PTKs são também o maior grupo de oncogenes dominantes com homologia estrutural. Os PTKs evoluíram para mediar aspectos da comunicação e do desenvolvimento multicelular. Encontram-se apenas em metazoários, onde compreendem aproximadamente 0,3% dos genes. As mutações somáticas neste pequeno grupo de genes estão na origem de uma fração significativa dos cancros humanos, o que mais uma vez realça a relação inversa entre a regulação normal do desenvolvimento e a oncogénese. Atualmente, existem mais de 90 genes PTK conhecidos no genoma humano; 58 codificam PTK receptores transmembranares distribuídos em 20 subfamílias, e 32 codificam PTK citoplasmáticas, não receptoras, em 10 subfamílias[67,68].

RECEPTORES TIROSINA-QUINASES

Os receptores tirosina-quinases (RTK) partilham várias caraterísticas estruturais. São glicoproteínas que possuem um domínio extracelular de ligação ao ligando, que transmite a especificidade do ligando, e um único domínio transmembranar hidrofóbico, que fixa o recetor à membrana. As sequências intracelulares contêm normalmente regiões reguladoras para além do domínio catalítico. A ligação do ligando induz a ativação do domínio intracelular da tirosina quinase, levando ao início de eventos de sinalização específicos do recetor. Os RTK foram organizados em famílias com base na homologia das sequências, nas caraterísticas estruturais e em motivos distintos no domínio extracelular. Existem atualmente 19 famílias conhecidas nos vertebrados. As várias subfamílias incluem receptores para EGF, PDGF, VEGF, fator de crescimento de fibroblastos e fator de crescimento de hepatócitos[65].

TIROSINA-QUINASES NÃO-RECEPTORAS

As tirosina-quinases não-receptoras são proteínas citoplasmáticas que transduzem sinais extracelulares para intermediários a jusante em vias que regulam o crescimento, a ativação e a diferenciação celulares. Muitas tirosina-quinases não-receptoras estão ligadas a receptores transmembranares, incluindo os das hormonas peptídicas e das citocinas. Ao contrário dos receptores de tirosina quinases, não possuem domínios transmembranares nem ligação a ligandos. São activadas pela ligação de ligandos aos seus receptores associados ou por eventos como a adesão celular, o influxo de cálcio ou a progressão do ciclo celular. Mais de 30 membros estão classificados em 10 famílias, incluindo Src, ABL, JAK, MKK2 e FES[65,69].

SERINA-TREONINA QUINASES

As serina-treonina-quinases são quase todas intracelulares e incluem mediadores-chave da carcinogénese, como a Raf, a Akt/proteína quinase B e a proteína regulada extracelular activada por mitogénio (MEK).[65]

A VIA DA PROTEÍNA CINASE ACTIVADA PELO MITOGÉNIO/RAS

As moléculas efectoras recrutadas após a fosforilação dos RTKs induzida por ligandos incluem a fosfolipase C, a fosfoinositídeo-3-quinase (PI3-quinase) e a Ras. A superfamília de genes Ras codifica pequenas proteínas de ligação a GTP que são responsáveis pela regulação de muitos processos celulares, incluindo a diferenciação, a organização do citoesqueleto e o tráfico de proteínas. Pelo menos 20 membros da família de proteínas Ras são conhecidos em células de mamíferos e partilham 30% de identidade de sequência. Estas proteínas incluem M-Ras/R-Ras3, R-Ras, TC21/R-Ras2, Rap1A, -1B, -2A, e -2B, Ral A e B, Rit, Rin, Rheb (homólogo de Ras enriquecido no cérebro), Rhes, e B-Ras 1 e 2, bem como as proteínas Ras clássicas.[65,70]

INIBIDORES DA FARNESILTRANSFERASE

A bioquímica da enzima farnesiltransferase, bem como o desenvolvimento dos inibidores da farnesiltransferase (FTI), foram recentemente revistos. Os FTIs foram um dos primeiros de uma classe de inibidores da transdução de sinal desenvolvidos racionalmente a serem introduzidos na clínica para a terapia do cancro. Dado que a farnesilação é fundamental para a maturação e a função de Ras, os FTI foram inicialmente concebidos como inibidores específicos e sensíveis da proliferação celular mediada por Ras. Teoricamente, a inibição da farnesilação de qualquer um destes polipéptidos poderia resultar nos efeitos anti-proliferativos dos FTIs em tumores humanos. Foi demonstrado que até 20 destes polipéptidos, incluindo Rho B, laminas A e B, transducina, CENP-E e F, rodopsina quinase e transducina, sofrem efetivamente farnesilação[65].

VIA DA PROTEÍNA CINASE ACTIVADA POR MITOGÉNIO

Os organismos multicelulares têm três subfamílias bem caracterizadas de MAP quinases que controlam uma vasta gama de processos fisiológicos. Estas enzimas são reguladas por um sistema de fosfo-relé em que uma série de três proteínas cinases se fosforilam e activam umas às outras. As ERKs funcionam no controlo da divisão celular. As c- Jun amino-terminal kinases são reguladores críticos da transcrição. As MAP quinases p38 são activadas por citocinas inflamatórias e stress ambiental. Devido ao seu papel na proliferação celular e, por conseguinte, na carcinogénese, a via da MAP quinase mais caracterizada é a via Raf-MEK-ERK.[65]

INIBIDORES DA QUINASE RAF

A família Raf de serina/treonina quinases, que consiste em A-Raf, B-Raf e C-Raf1, desempenha um papel importante na sinalização proliferativa. A família de três membros da quinase Raf faz parte de uma cascata de transdução de sinal que transmite sinais proliferativos mediados por factores de crescimento do ambiente extracelular para o núcleo da célula[65].

9. GENES SUPRESSORES DE TUMOR NO CANCRO ORAL

Genes supressores de tumores Os oncogenes, por si só, não são suficientes para causar cancro oral e parecem ser os iniciadores do processo. O evento crucial na transformação de uma célula pré-maligna numa célula maligna é a inativação de reguladores negativos celulares - genes supressores de tumores - e é considerado um evento importante que leva ao desenvolvimento de malignidade. Os genes supressores de tumores são mais frequentemente inactivados por mutações pontuais, deleções e rearranjos em ambas as cópias do gene. Tem havido muita investigação sobre o gene supressor de tumores p53. A proteína p53 bloqueia a divisão celular no limite entre G1 e S, estimula a reparação do ADN após danos no ADN e também induz a apoptose. Estas funções são conseguidas através da capacidade da p53 de modular a expressão de vários genes[71,72].

O gene p53 está localizado no cromossoma 17p13 do genoma humano. O gene contém 10 exões codificantes e é expresso em todas as células do corpo, embora em níveis baixos na maioria dos tecidos. O papel do p53 na manutenção da estabilidade genética parece envolver a indução de genes que estimulam a reparação por excisão de nucleótidos, a recombinação cromossómica, a segregação cromossómica e a indução do gene da ribonucleótido redutase. O p53 também estimula a expressão de genes que inibem a angiogénese. A proteína p53 ativa transcricionalmente a produção da proteína p21, codificada pelo gene WAF1/CIP, sendo a p21 um inibidor da ciclina e dos complexos de cinase dependentes da ciclina. A transcrição da p21 é activada pela p53 de tipo selvagem, mas não pela p53 mutante. No entanto, a expressão da WAF1/CIP também é induzida por vias independentes da p53, tais como factores de crescimento, incluindo o fator de crescimento derivado das plaquetas, o fator de crescimento dos fibroblastos e o fator de crescimento transformador â. A p53 do tipo selvagem tem uma semi-vida muito curta (quatro a cinco minutos), enquanto as formas mutantes da proteína são mais estáveis, com uma semi-vida de 6 horas.[73]

A mutação do p53 ocorre como uma mutação pontual, que resulta numa proteína estruturalmente alterada que sequestra a proteína de tipo selvagem, inactivando assim a sua atividade supressora, ou por deleção, que leva a uma redução ou perda da expressão do p53 e da função da proteína. Sabe-se que o gene supressor de tumores p53 está mutado em cerca de 70% dos tumores sólidos do adulto. Foi demonstrado que o p53 está funcionalmente inactivado nos tumores orais e que o seu restabelecimento em linhas de cancro oral e em tumores induzidos em modelos animais reverte o fenótipo maligno. O tabagismo e o consumo de tabaco têm sido associados à mutação do p53 nos cancros da cabeça e do pescoço. Entre os diversos genes que contêm sequências de ligação do p53 de tipo selvagem encontra-se o mdm2 (o homólogo humano do oncogene murino double minute 2). Este gene codifica uma proteína de ligação à p53 que forma um ciclo de feedback autorregulador com a proteína p53 normal. [73,74]

Verificou-se que o gene está amplificado em muitas doenças malignas humanas, abolindo assim a função antiproliferativa do p53. Até há pouco tempo, as informações sobre a associação entre p21, p53 e mdm2 no cancro oral eram escassas; no entanto, um estudo recente demonstrou que este gene supressor de tumores putativo p21/WAF1 está sobreexpresso nos carcinomas escamosos orais. Esta sobreexpressão está relacionada com o índice de proliferação celular e com a expressão de mdm2, mas é independente da alteração da proteína p53. Outros estudos demonstraram a presença de p21 em lesões orais pré-malignas e malignas, sugerindo que a alteração da expressão de p21 é um evento precoce na carcinogénese oral, com o aumento da expressão a ocorrer através de vias dependentes e independentes de p53. No entanto, a sobreexpressão da p21, por si só, parece ser insuficiente para induzir a progressão do tumor. A mutação do gene p21 não foi encontrada em cancros orais e é pouco frequente noutros 75 cancros.[75] Outros genes supressores de tumores incluem doc-1, o gene do retinoblastoma, e APC. O gene doc-1 está mutado nos queratinócitos orais malignos, levando a uma redução da expressão e da função proteica. A função precisa da proteína Doc-1 na carcinogénese oral não é clara, mas é muito semelhante a um produto genético induzido em fibroblastos de rato pelo fator de necrose tumoral α (TNF-α). Normalmente, o TNF- α diminui a proliferação e aumenta a diferenciação, tendo sido demonstrado em linhas celulares de carcinoma espinocelular oral que é responsável, isoladamente ou em combinação com os interferões α e γ, pela atividade antiproliferativa.[76,77]

Genes supressores de tumores que codificam factores de transcrição no CECP

O cromossoma 17p13 codifica o gene p53, que se encontra alterado com uma frequência relativamente baixa na displasia e no carcinoma in situ (CIS), mas com uma frequência aumentada em cerca de 50% dos carcinomas primários.[78] Alternativamente, foi demonstrado que a infeção por HPV e a expressão de E6 inactivam o p53, presumivelmente numa fase mais precoce, particularmente no carcinoma espinocelular (CEC) da orofaringe.[79] Como descrito acima, foi atribuída uma variedade de funções ao gene p53, que se pensa mediar a supressão de tumores através da paragem do ciclo celular e da reparação do ADN ou da indução da morte celular quando os danos no ADN são irreversíveis.[80] O supressor tumoral p53 pode também reprimir a ativação de genes pró-sobrevivência pelo NF-kB ,[81] competindo por um cofator transcricional chamado CBP/p300.[82] Assim, a perda do p53 pode levar à disfunção dos mecanismos pelos quais as células cancerosas são reparadas ou sofrem morte celular, bem como promover potencialmente a ativação de vias pró-sobrevivência.[83,62]

Verificou-se que um locus no braço curto (p) do cromossoma 9, localizado em 9p21, apresenta perda de heterozigotia (LOH) numa fase precoce do desenvolvimento da hiperplasia.[78] Descobriu-se que o locus 9p21 codifica genes sobrepostos que codificam proteínas denominadas p14ARF e p16INK4a, e descobriu-se que esse locus é inativado na maioria dos CECP por deleção homozigótica, mutação ou metilação da região promotora reguladora.[84] A proteína p14ARF é um importante ativador da via p53 e repressor da via NF-kB durante a morte celular programada.[85] Portanto, sua perda pode ser um importante evento precoce na desregulação das vias p53 e NF-kB, que estão alteradas em epitélios escamosos displásicos e malignos.[86] A proteína p16INK4a é uma quinase dependente de ciclina chamada CDKN2/MTS-1/INK4A que normalmente inibe a progressão do ciclo celular. Assim, a alteração genética ou epigenética deste locus pode resultar na perda da proteína p14ARF, causando uma diminuição da morte celular programada, e na perda da p16INK4a, causando um aumento da proliferação. Consistente com isto, a reexpressão de p16 em células HNSCC por transferência de genes suprime o crescimento celular in vitro.[87] Foi demonstrado que a reexpressão de p14ARF reprime a expressão de genes pró-sobrevivência mediada por NF-kB e promove a morte celular noutros tipos de células.[85,62]

A perda de heterozigotia envolvendo o cromossoma 8p é observada mais tarde, em associação com o CECP invasivo, e um locus no cromossoma 8p23 está associado a um mau prognóstico.[88] O gene supressor de tumores putativo no locus do cromossoma 8p23 foi identificado e é uma grande proteína transmembranar denominada CSMD1.[89] Outro gene que raramente sofre mutações que resultam em perda de função mapeia-se na região do cromossoma 8p21 no CECP e é um gene inibidor do crescimento regulado pelo p53 que é um membro da família do ligando indutor de apoptose relacionado com o TNF (TRAIL).[90,62]

A perda de heterozigotia no cromossoma 10q23 é detectada com uma frequência intermédia no CECP primário e verificou-se que reflecte a deleção ou inativação de um gene denominado phosphatase and tensin homolog deleted on chromosome 10 (PTEN).[91] O PTEN suprime a ativação da AKT, também conhecida como proteína quinase B. A AKT desempenha um papel importante na ativação do fator de transcrição NF-kB e do coactivador CBP/p300, e na transcrição de genes pró-sobrevivência.[92] A ativação do alvo molecular da rapamicina (mTOR), importante na tradução de proteínas, como o fator de angiogénese, VEGF.[93] A ativação precoce da AKT por estímulos autócrinos, como o EGFR e receptores de citocinas.[94] e mais tarde pela perda de PTEN, poderia levar a um aumento da sobrevivência e crescimento do CECP e outros cancros.[62]

10. APLICAÇÕES DA GENÓMICA E DA GENÓMICA SALIVAR NO CANCRO ORAL

Na era biológica moderna, a abordagem "ómica" é considerada como uma nova ferramenta de deteção de biomarcadores que se centra num grande conjunto de moléculas. A genómica (genoma), a transcriptómica (transcriptoma), a proteómica (proteoma) e a metabolómica (metaboloma) são as várias técnicas que nos ajudam a compreender de forma fácil e sistémica o sistema biológico muito complexo. A abordagem "ómica" é bastante diferente da técnica convencional para estudar sistemas biológicos complexos. Assim, os estudos "ómicos" estão a ganhar importância no estudo dos processos fisiológicos normais e das condições patológicas em várias aplicações clínicas.[95] A genómica é o estudo detalhado do ADN total de uma célula/organismo, em que os genes são analisados através de tecnologias de microarray. O microarray mede as sequências de genes alterados e os cromossomas, juntamente com milhares de genes analisados simultaneamente. Um modelo simples de gene, transcrição e metabolito proteico apresenta a maior probabilidade de estabelecer biomarcadores úteis e a correlação entre eles a diferentes níveis. A genómica centra-se na clonagem e na caraterização de genomas completos e tem duas grandes áreas de aplicação [genómica estrutural e funcional]. Inclui a eletroforese em gel, a reação em cadeia da polimerase (PCR), os microarrays e a análise em série da expressão genética (SAGE). A Figura 30 apresenta uma panorâmica das várias técnicas utilizadas em genómica[95].

Análise genómica no cancro oral

De acordo com o levantamento exaustivo da literatura sobre estudos genómicos, verificou-se que o máximo de trabalho foi realizado em amostras de tecidos e saliva, em comparação com amostras de soro e de linhas celulares.

- Mutação no códon 63 do p53 como marcador molecular na saliva para CCEO.

- Foi efectuada uma análise de microssatélites em regiões cromossómicas frequentemente alteradas no CECP em amostras de saliva e de tumores compatíveis. El-Naggar et al. investigaram a perda de heterozigotia nos biomarcadores D3S1234, D9S156 e D17S799.

- Verificou-se que a expressão da atividade da telomerase na saliva era positivamente significativa no grupo de doentes, em comparação com o grupo de controlo. Sugeriram que a presença de telomerase na saliva pode ser usada como marcador no CCEO.[96,95]

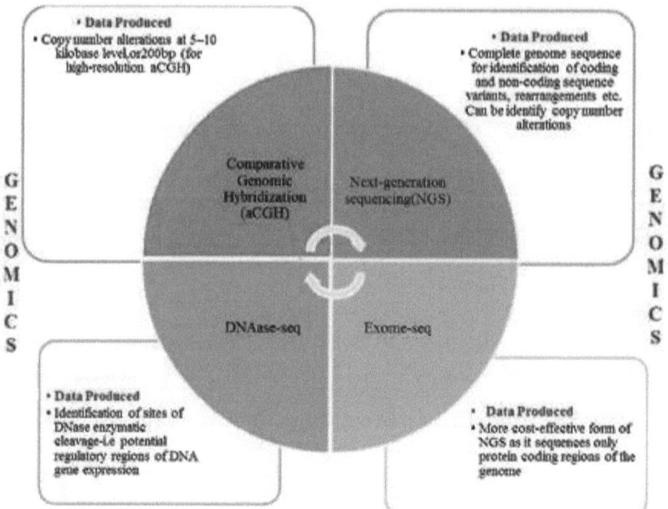

Figura 30: Panorâmica das diferentes técnicas utilizadas em genómica.[78]

- Foram observados níveis aumentados de Cox I (citocromo c oxidase I) e Cox II (citocromo c oxidase II) no grupo HNSCC, utilizando PCR quantitativo em amostras de enxaguamento oral dos grupos HNSCC e de controlo.[97,95]

- Foi efectuada uma análise de matriz de metilação em genes associados ao cancro em tecidos e saliva de doentes com CCEO. Foi observada uma diferença significativa entre os padrões de metilação dos doentes com CCEO.[98,95]

  - Foram encontrados níveis significativamente mais baixos de miR-125a e miR-200a na saliva de doentes com CCEO.[99,95]
  - Foi confirmado um nível elevado de hipermetilação do promotor na saliva de doentes com CECP, o que poderia ter uma aplicação diagnóstica em doentes com CECP.[100,78]
  - Foi identificada a expressão salivar do miR139-5p específica para o carcinoma de células escamosas da língua.[101,95]
  - Foi avaliada a importância e a fiabilidade de um potencial marcador de genotipagem do p53 em amostras de tecido de cancro da cabeça e do pescoço [CCP] para a previsão do comportamento do tumor.[102,78]
  - Foi registada uma correlação entre mutações do gene p53 e anticorpos circulantes em pessoas que têm o hábito de mascar betel quid e tabaco [103,95].
  - Foi efectuada QRT-PCR em CO, e os tecidos normais e os genes alvo foram mapeados, tendo sido observadas perdas nas sequências genéticas de D22S274 (22q13.31) e DIA1 (22q13.2- 13.31).[104,95]
  - Foi demonstrado que o microRNA miR375 tem um papel na regulação da

progressão do pré-cancro para o estádio canceroso nos doentes [105,95].

- Foram identificados os microRNAs miR-30a e miR-934, que foram desregulados durante o consumo de álcool no grupo HNSCC, levando à progressão e patogénese da doença.[106,95]

Análise transcriptómica no cancro oral

- A transcriptómica é uma tecnologia rentável que permite a quantificação de vários milhares de espécies definidas de mRNA numa apresentação miniaturizada.[107] A deteção de transcriptoma alterado, juntamente com a sequenciação de RNA (RNA-Seq), pode ajudar na classificação de doenças e na sua progressão, o que é limitado em termos genómicos.[95]

- Os transcritos de ARNm relacionados com o cancro de IL8, IL1B, DUSP1, HA3, OAZ1, S100P e SAT na amostra de saliva foram avaliados e validados por qPCR para ambos os grupos de CCEO e controlos.[108] Estes potenciais biomarcadores de ARN salivar produziram sensibilidade e especificidade na diferenciação do CCEO.[95]
- Foi referido que a transformação maligna da displasia oral em CO expressa níveis mais elevados de ARNm de MMP-1 e -9, podendo ser considerados marcadores de transformação maligna[109,95].
- Um estudo detalhado do transcriptoma salivar de OAZ, SAT, IL8 e IL1b mostrou 91% de sensibilidade e especificidade na discriminação entre os grupos OC e controlo[110,95].
- Foram encontrados níveis significativamente elevados de transcriptomas salivares IL-8, IL1β, SAT1 e S100P utilizando PCR quantitativo em doentes

com CCEO, o que sugeriu o facto de poderem ser utilizados como biomarcadores não invasivos.[111] Num estudo semelhante, os níveis de expressão dos três ARNm, IL-8 e SAT estavam elevados no CCEO em comparação com os dos controlos.[112,95]

- A expressão de miRNA no CCEO através da utilização de perfis de microarray foi avaliada e validada por RT-PCR. Foi detectada uma expressão mais elevada de miR-31 na fase inicial do tumor, ao passo que um nível reduzido de miR-375 foi associado ao prognóstico do CCEO[113,95].
- Genes com maior expressão, tais como MMP1, MMP10, MMP3, MMP12, PTHLH, INHBA, LAMC2, IL8, KRT17, COL1A2, IFI6, ISG15, PLAU, GREM1, MMP9, IFI44 e CXCL1, juntamente com genes com menor expressão, ou seja KRT4, MAL, CRNN, SCEL, CRISP3, SPINK5, CLCA4, ADH1B, P11, TGM3, RHCG, PPP1R3C, CEACAM7, HPGD, CFD, ABCA8, CLU e CYP3A foram distintos para casos de CCEO.[114,95]
- Foi referido que o miR-137 e o miR-193a são miRNAs supressores de tumores que são silenciados epigeneticamente durante o processo de progressão do CO.[115,95]

> O ARNm da survivina foi avaliado nos grupos OLP e OC, tendo sido encontrado um nível de expressão mais elevado em ambos os grupos, em comparação com o do controlo[116,95].

Análise proteómica no cancro oral

A proteómica não teria sido concebida sem a utilização bem sucedida anterior da genómica e da transcriptómica, que forneceram a "planta" dos genes. A proteómica é designada como a representação exaustiva das proteínas expressas pelo genoma (Moody, 2001). Além disso, a comparação da expressão de proteínas diferentes em tecidos malignos e normais ajuda a melhorar o diagnóstico e o prognóstico dos doentes. É utilizada uma vasta gama de tecnologias proteómicas, tais como aplicações baseadas em gel [eletroforese em gel de poliacrilamida 1D e 2D], eletroforese em gel de diferença (DIGE), western blot, espetrometria de massa por dessorção/ionização por laser com superfície melhorada, cromatografia líquida acoplada à espetrometria de massa em tandem (LC-MS/MS), etiqueta isobárica para quantificação relativa e absoluta (iTRAQ), etc., estão igualmente disponíveis juntamente com a tecnologia de identificação multidimensional de proteínas, que é um método robusto e amplamente aceite para a identificação de proteínas (tanto qualitativa como quantitativamente) a partir de uma grande variedade de amostras.[95]

APLICAÇÃO DA GENÓMICA, DA PROTEÓMICA E DA METABOLÓMICA

- **Genómica**

- A sequenciação Illumina (Solexa) é uma técnica de sequenciação da próxima geração que fornece uma plataforma capaz de proporcionar um elevado rendimento a um custo relativamente baixo, utilizando um método baseado em esferas.
- A sequenciação 454 - Roche pode ser utilizada para sequenciação de todo

o genoma, re-sequenciação de alvos, metagenómica e sequenciação de transcriptomas, o que a torna uma das plataformas mais eficientes do mercado.

A sequenciação por ligação e deteção de oligonucleótidos suportada é uma variação da sequenciação de assinaturas massivamente paralela que utiliza a ligação por hibridação.

A sequenciação por semicondutores de iões é diferente da maioria das outras técnicas de sequenciação existentes no mercado , na medida em que a análise não se baseia em resultados ópticos. Em vez disso, a medição de iões gerados pela síntese de ADN polimerase dirigida por um modelo permite a sequenciação do genoma.

A sequenciação em tempo real de molécula única é uma abordagem de sequenciação baseada na síntese que tem a vantagem de não ser necessária a amplificação do ADN e de evitar os problemas associados. As técnicas atualmente em desenvolvimento que se revelam promissoras incluem a sequenciação por nanoporos, a sequenciação por hibridação e a sequenciação com MS.

Os biomarcadores podem ser identificados através da aplicação de técnicas genómicas e representam entidades mensuráveis, que indicam um estado de doença quando o seu nível de expressão difere do normal.

O perfil de expressão tecidular desempenha um papel fundamental em muitos aspectos da descoberta de medicamentos, incluindo a identificação de alvos, a validação de alvos, a identificação de compostos candidatos, a farmacogenómica, o desenvolvimento de biomarcadores, a avaliação de ensaios clínicos e a recolha de informações toxicológicas.

A farmacogenómica investiga a correlação entre a composição genética de um indivíduo e a sua resposta aos medicamentos através de diferenças genotípicas e fenotípicas na farmacodinâmica e farmacocinética do metabolismo dos medicamentos.

A epigenética ao nível do genoma envolve abordagens baseadas na sequenciação e promete contribuir para uma compreensão mais precisa e completa da regulação dos genes e para a obtenção de conhecimentos sobre a interação entre os genomas e o ambiente[117].

- **Proteómica**

A análise proteómica clássica fornece a identificação e a abundância de proteínas na amostra em análise. A tecnologia de identificação multidirecional de proteínas é um exemplo de proteómica shotgun e utiliza HPLC-MS para caraterizar os péptidos após a digestão enzimática das amostras de proteínas.

As etiquetas de afinidade codificadas por isótopos geram informações sobre a identificação e quantificação de proteínas de uma forma sensível e de elevado rendimento. A marcação isotópica estável por aminoácidos em cultura celular consiste na marcação de células em cultura com marcadores isotópicos estáveis para preparar amostras de células para análise proteómica por MS.

As etiquetas isobáricas para quantificação relativa e absoluta têm a vantagem de poderem ser aplicadas a tecidos e células após lise celular. Isto significa que as etiquetas isobáricas para quantificação relativa e absoluta não estão limitadas à utilização em culturas celulares, como acontece com a marcação isotópica estável por aminoácidos em técnicas de cultura celular.

A análise proteómica sem rótulo desenvolveu-se rapidamente nos últimos anos e, como tal, estão agora disponíveis plataformas rápidas e de baixo custo para a análise da expressão proteica. A utilização mais comum é a LC-MS comparativa baseada na intensidade do pico e a LC-MS/MS baseada na contagem espetral.

As sondas baseadas na atividade podem ser incluídas na proteómica clássica ou funcional e utilizam sondas constituídas por um componente reativo e uma etiqueta. A principal vantagem das sondas baseadas na atividade é que são tidas em conta as modificações pós-tradução das proteínas.

A análise proteómica funcional difere da análise proteómica clássica na medida em que a proteómica funcional gera uma imagem mais completa da abundância, funções, indicações e interações das proteínas .

Os sistemas de dois híbridos têm aplicação na descoberta de medicamentos, visando interações específicas proteína-proteína. Utilizam uma associação do tipo "chave e fechadura" para identificar a interação proteína-proteína[117].

- **Metabolómica**

As três principais categorias pelas quais as concentrações de metabolitos podem ser medidas incluem métodos cromatográficos, eletroforese capilar e técnicas de RMN. Os dados recolhidos a partir destas abordagens são depois utilizados para gerar bases de dados de vias que são utilizadas para compreender o metaboloma.

As bases de dados de vias são o resultado de análises metabólicas em grande escala e a única forma de tratar e dar sentido às enormes quantidades de dados que estão a ser geradas.

A biologia de sistemas é uma estratégia de investigação através da qual os modelos in silico são ligados a múltiplas disciplinas da biologia experimental. A área da metabolómica é um contributo importante para uma abordagem de biologia de sistemas, ligando vias descritas no domínio da metabolómica e combinando-as também com redes bioquímicas, de sinalização, de proteínas, de miRNA e de regulação genética em grande escala.

Espera-se que os modelos metabólicos à escala do genoma, quando aplicados numa abordagem de biologia de sistemas, permitam a análise e, posteriormente, a simulação do estado específico de um determinado tecido humano. As perturbações metabólicas resultam do mau funcionamento das vias metabólicas. Ao mapear a rede metabólica, é possível deduzir a base molecular da doença metabólica. Isto, por sua vez, leva à oportunidade de desenvolver uma estratégia para combater o risco para a saúde.[117]

11. RESUMO

O cancro é uma doença dos organismos multicelulares superiores. Caracteriza-se por alterações na expressão de múltiplos genes, levando a uma desregulação do programa celular normal de divisão e diferenciação celular. Isto resulta num desequilíbrio entre a replicação e a morte celular que favorece o crescimento de uma população de células tumorais. As caraterísticas que distinguem um tumor maligno de um tumor benigno são a capacidade de invadir localmente, de se espalhar para os gânglios linfáticos regionais e de metastizar para órgãos distantes do corpo. Clinicamente, o cancro parece ser constituído por muitas doenças diferentes com caraterísticas fenotípicas distintas. À medida que o crescimento canceroso progride, a deriva genética na população celular produz heterogeneidade celular em caraterísticas como antigenicidade celular, invasividade, potencial metastático, taxa de proliferação celular, estado de diferenciação e resposta a agentes quimioterapêuticos. A nível molecular, todos os cancros têm vários pontos em comum, o que sugere que as lesões bioquímicas finais que conduzem à transformação e progressão malignas podem ser produzidas por um padrão comum, mas não idêntico, de alterações da leitura dos genes. Em geral, os cancros malignos causam uma morbilidade significativa e serão letais para o hospedeiro se não forem tratados. As excepções a esta situação parecem ser os cancros latentes e indolentes que podem permanecer clinicamente indetectáveis (ou in situ), permitindo ao hospedeiro ter uma esperança de vida normal.

Os tipos de genes envolvidos são os oncogenes, que quando activados conduzem a uma proliferação celular desregulada, e os genes supressores de tumores, que se tornam inactivados ou suprimidos, produzindo uma perda dos controlos e equilíbrios da célula que controlam a proliferação e a diferenciação celular ou a capacidade de as células perderem o rigoroso requisito de replicação precisa do ADN e adquirirem a capacidade de sofrer alterações progressivas sequenciais no seu genoma, através de mutações, rearranjos de genes ou supressão de genes. Este fenómeno tem sido por vezes designado como a aquisição de um "fenótipo mutante".

A possível ligação entre o miRNA e o cancro foi descoberta em 2005, quando um estudo de análise in silico descobriu que existia um local alvo do miRNA let-7 na região 30-untranslated (UTR) do let-60, um ortólogo dos oncogenes Ras no C. elegans. A expressão do ARNm é modulada através dos microARNs a nível pós-transcricional. Além disso, estima-se que existam aproximadamente mais de 1 000 miRNAs no Homo sapiens, que podem ser responsáveis pela regulação de cerca de 30% dos genes humanos. Os miRNAs estão envolvidos em vários processos celulares vitais, incluindo a resistência ao stress, a proliferação celular, a morte celular e o metabolismo das gorduras, através da regulação da expressão de vários genes. Os factores de transcrição nuclear podem regular vários genes importantes para as alterações fenotípicas do cancro, como os relacionados com o ciclo celular, a reparação e a síntese do ADN e a morte celular (por exemplo, p53 e E2F), ou conjuntos mais amplos de genes envolvidos na proliferação, sobrevivência, inflamação, angiogénese, adesão e migração celulares.

A descoberta do fator de crescimento do nervo (NGF) e do fator de crescimento epidérmico (EGF) levou à identificação de uma vasta gama de factores que afectam o crescimento de praticamente todos os tipos de células. A proliferação e a diferenciação celular são reguladas por uma série de hormonas, factores de crescimento e citocinas. Estas moléculas interagem com receptores celulares e comunicam com o núcleo da célula através de uma rede de vias de sinalização intracelular. Os componentes destas vias de sinalização anormais, que são específicas das células neoplásicas, representam potenciais alvos selectivos para novas terapias anticancerígenas. Estes alvos potenciais incluem ligandos (normalmente factores de crescimento), receptores celulares, segundos mensageiros intracelulares e factores de transcrição nuclear. As moléculas de sinalização intracelular que desempenham um papel crítico na carcinogénese e na manutenção do fenótipo maligno são, na sua maioria, proteínas cinases.

Na era biológica moderna, a abordagem "ómica" é considerada como uma nova ferramenta de deteção de biomarcadores que se centra num grande conjunto de moléculas. A genómica (genoma), a transcriptómica (transcriptoma), a proteómica (proteoma) e a metabolómica (metaboloma) são as várias técnicas que nos ajudam a ter uma compreensão fácil e sistémica do sistema biológico muito complexo. As tecnologias ómicas dotaram-nos de alguns potenciais biomarcadores genómicos/proteómicos que podem constituir a base para a conceção de kits de deteção mais robustos e sensíveis. Os analitos presentes nos fluidos corporais, como a saliva e o sangue, tornaram-se candidatos ideais para a deteção não invasiva do cancro oral. A saliva pode ser considerada um meio potente para fornecer as primeiras informações sobre a saúde da cavidade oral. O primeiro biomarcador do cancro encontrado na saliva é o HER2/neu, um biomarcador do cancro da mama. As citocinas pró-inflamatórias e pró-angiogénicas (TNFα, IL-1α, IL-6 e IL-8) estavam significativamente elevadas na saliva total dos indivíduos com CCEO em comparação com os doentes com lesões orais pré-malignas e o controlo.

Os sistemas baseados na espetrometria de massa são atualmente utilizados para o desenvolvimento de um sistema baseado em biomarcadores proteómicos para o diagnóstico do CCEO. A abordagem proteómica é também utilizada para identificar os marcadores séricos na amostra de sangue. Alguns dos biomarcadores proteómicos para o CCEO identificados tanto no soro como na saliva dos doentes são o Cyfra 21-1 (CK 19), o antigénio polipeptídico tecidular (TPA) (CK 8, 18, 19), as citocinas pró-inflamatórias (interleucina-6 e TNFα) e os anticorpos anti-p53. A sensibilidade dos marcadores séricos para detetar as fases iniciais do CCEO não está bem estabelecida; no entanto, podem ser utilizados para o diagnóstico da recorrência e do prognóstico.

12. CONCLUSÃO

A progressão do cancro oral é um processo multifatorial que requer a acumulação de múltiplas alterações genéticas, como a inativação de genes supressores de tumores (TSGs) ou a ativação de oncogenes por mecanismos como a mutação, a hipermetilação, a deleção, a perda de heterozigotia, a repressão transcricional, etc., influenciados pela predisposição genética do doente (presença de um alelo de risco), bem como por influências ambientais, incluindo o tabaco, o álcool, a inflamação crónica e a infeção viral. A terapia genética para o cancro representa a maioria dos ensaios clínicos de terapia genética. Os alvos desta terapia incluem a substituição de genes supressores de tumores, "genes suicidas" para ativar pró-fármacos, terapia genética antiangiogénica, transferência de genes com base em citocinas e administração de genes de resistência a medicamentos a células estaminais hematopoiéticas para as proteger da toxicidade dos agentes quimioterapêuticos na medula óssea. O gene supressor de tumores p53 é o gene mais frequentemente mutado nos cancros orais humanos. As tecnologias de matrizes de expressão genética, proteómica, imagiologia molecular, engenharia eléctrica, nanotecnologia e microfluídica estarão todas envolvidas no desenvolvimento do "lab-on-a-chip" ou do "Nanolab" do futuro. Na perspetiva de um visionário, esta escala de instrumentação (sensores de nanofios) pode conduzir a sistemas portáteis baseados na microfluídica para detetar a expressão genómica ou proteómica de uma única célula, permitindo a um médico analisar uma amostra de sangue de um doente de alguns microlitros (obtida por picada no dedo) para avaliar até 10 000 funções. O impacto deste tipo de tecnologia no futuro da medicina é, de facto, espantoso.

13. BIBLIOGRAFIA

1. Jurel S K, Gupta D S, Singh R D, Singh M, Srivastava S. Genes e cancro oral Indian Journal of Human Genetics 01 Jan 2014, 20(1):4-9.
2. Murugan AK, Munirajan AK, Alzahrani AS, MicroRNAs: Moduladores dos oncogenes Ras no cancro oral J. Cell. Physiol.2016, 231: 1424-1431.
3. Russell C, Rahman A, Mohammed AF, Aplicação da genómica, proteómica e metabolómica na descoberta, desenvolvimento e clínica de medicamentos. Therapeutic Delivery (2013) 4(3), 395-413.
4. Bibbo M, Wilbur DC, Comprehensive Cytopathology 4th ed. Elsevier Saunders 2015.
5. Snustad P D, Simmons M J Principles of Genetics 6TH ed., John Wiley & Sons Inc.2012. John Wiley & Sons, Inc.2012.
6. Susman M, Genes: Definition and Structure, John Wiley & Sons, Ltd. eLS2014.
7. Craig NL, Cohen-fix O, Green R, Greeder CW, Storz G, Wolberger C. Molecular Biology Principles of Genome Function. Oxford University Press Inc., Nova Iorque 2010.
8. Korf BR, Irons MB, Human Genetics and Genomics 4th edition, por John Wiley & Sons, Ltd 2013.
9. Korf B R, Basic genetics, Prim Care Clin Office Pract, 2004, 31 : 461-478.
10. Pyeritz RE, Korf BR, Grody WW. Princípios e Prática de Emery e Rimoin de Genética Médica e Genômica 7 th ed.2019.
11. Abu-Elmagd M, Assidi M, Schulten HJ, Dallol A, Pushparaj PN, Ahmed F,

et al. Medicina individualizada possibilitada pela genómica na Arábia Saudita. BMC Med Genom. 2015 8 Suppl 1:S3.

12. Boomsma D.I, Wijmenga C, Slagboom E P, Swertz M A, Karssen L C, Abdellaoui A, et al. The genome of The Netherlands: design, and project goals. Eur J Hum Genet. 2014;22:221-227.

13. Casartelli, C. Câncer e citogenética. Revista Brasileira de Genética, Ribeirão Preto, 1993, 4: 1109- 1131.

14. Oliveira-Junior R J, Goulart Filho L R, Bastos L M et al. Contribuições da citogenética para a pesquisa do câncer Bio sci. J., Uberlândia, Jan 2014, 30(1) :245-259.

15. Field JK Oncogenes and tumour-suppressor genes in squamous cell carcinoma of the head and neck (Oncogenes e genes supressores de tumores no carcinoma de células escamosas da cabeça e do pescoço). Eur J Cancer (B): Oral Oncol,1992 28:67-76.

16. Wong D T W, Todd R, Tsuji T et al. Molecular Biology of Human Oral Cancer Crit Rev Oral Biol Med 1996 ,7(4):319-328.

17. Ahsee KW, Cooke TG, Pickford IR, Soutar D, Balmain A. Um tipo de alelo do carcinoma escamoso da cabeça e do pescoço utilizando marcadores de microssatélites. Cancer Res 1994,54:1617-1621.

18. Van der Riet P, Nawroz H, Hruban RH, Corio R, Tokino T, Koch W. Perda frequente do cromossoma 9p21 -22 no início da progressão do cancro da cabeça e do pescoço. Cancer Res 1994,54:1156-1158.

19. Sidransky D. Molecular genetics of head and neck cancer (Genética molecular

do cancro da cabeça e do pescoço). Curr Opin Oncol 1995,7:229-233.

20. Gersen, S. L, Keagle, M. B. The principles of clinical cytogenetics (Os princípios da citogenética clínica). Totowa: Humana Press, 2005.

21. Wilson L, Meza I. O mecanismo de ação da colchicina. The Journal of Cell Biology, 1973,58 (3):709-719.

22. Claussen, U, Michel, S, Mühlig, P, Westermann M, Grummt, UW, Kromeyerhauschild K. et al. Desmistificar a preparação dos cromossomas e as implicações para o conceito de condensação dos cromossomas durante a mitose. Cytogenetic and Genome Research, Basileia, 2002,98:136-146.

23. Bickmore, W. A. Karyotype Analysis and Chromosome Banding. Edinburgh: MRC Human Genetics Unit, 2001.

24. Gersen, SL, Keagle MB. Os princípios da citogenética clínica. Totowa: Humana Press, 2005.

25. Sandberg AA, Meloni-Ehrig AM. Cytogenetics and genetics of human cancer: methods and accomplishments (Citogenética e genética do cancro humano: métodos e realizações). Cancer Genetics and Cytogenetics. Nova Iorque, 2010,203:102126.

26. Oudat, R, Khan Z, Glassman AB. Deteção de Trissomia 8 em doentes com LMC positiva para o cromossoma Filadélfia utilizando técnicas convencionais de citogenética e de hibridação in situ por fluorescência interfásica e a sua relação com o envolvimento de c-myc. Annals of clinical and laboratory Science, 2001,(31):68-74.

27. Le scouarnec, S, Gribble S. M. Characterising chromosome rearrangements:

recent technical advances in molecular cytogenetics. Heredity, Londres, 2012,108;75-85.

28. Wan T. S. K, Ma, E. S. K. Molecular Cytogenetics: Uma Ferramenta Indispensável para o Diagnóstico do Cancro. Chang Gung Medical Journal,2012,35 :96-110.

29. Pinkel, D, Segraves R, Sudar D, Clark, Poole I, Kowbel D. et al. Análise de alta resolução da variação do número de cópias de ADN utilizando a hibridação genómica comparativa em microarrays. Nature Genetics, Nova Iorque, 1998 20:207-211.

30. Harvell JD, Kohler, S, Zhu, S, Hernandez-Boussard, T, Pollack, J. R, Van de rijn M. High-Resolution Array-Based Comparative Genomic Hybridization for Distinguishing Paraffin-Embedded Spitz Nevi and Melanomas. Diagnostic Molecular Pathology, Nova Iorque, 2004,13:22-25.

31. Storchova, Z, Pellman D. From polyploidy to aneuploidy, genome instability and cancer (Da poliploidia à aneuploidia, instabilidade do genoma e cancro). Nature Molecular cell biology, Nova Iorque, 2004,5:45-54.

32. Heselmeyer K, Macville M, Schrock E, Blegen H, Hellstrom AC, Shah K, et al. Os carcinomas do colo do útero em fase avançada são definidos por um padrão recorrente de aberrações cromossómicas que revelam uma elevada instabilidade genética e um ganho consistente do braço cromossómico 3q. Genes Chromosomes Cancer, Nova Iorque, 1997,19:233-240.

33. Miller O. J, Miller D. A, Dev V. G, Tantravahi R, Croce C. M. Expressão da atividade organizadora do nucléolo humano e supressão da atividade

organizadora do nucléolo do rato em híbridos de células somáticas rato-humanas. Actas da Academia Nacional de Ciências dos Estados Unidos da América, Washington, 1976,73:4531-4535.

34. Griffith J. D, Comeau L, Rosenfield S. et al. Os telómeros dos mamíferos terminam num grande loop duplex. Cell, Cambridge Massachusetts, 1999,97(4):503-514.

35. Karlseder J, Broccolo D, Dai Y, Hardy S, Lange T. p53- and ATM-dependent apoptosis induced by telomeres lacking TRF2. Science, Washington, 1999,283:1321-1324.

36. Lejnine S,Makarov V. L, Langmore J. P. Conserved nucleoprotein structure at the ends of vertebrate and invertebrate chromosomes. Procedimentos da Academia Nacional de Ciências, Washington, 1995, 92:2393-2397.

37. Krishna A, Singh S, Kumar V, et al. Conceito molecular no cancro oral humano National Journal of Maxillofacial Surgery 2015,6 (1).

38. Reshmi S C, Gollin S M. Chromosomal instability in oral cancer cells (Instabilidade cromossómica em células de cancro oral). J Dent Res 2005,84:107-17.

39. Veiga L C S, Bergamo N A, Luiz Paulo Kowalski L P etal. Análise citogenética clássica e molecular em carcinomas espinocelulares de cabeça e pescoço *Genética e Biologia Molecular,* 2003,26(2):121-128.

40. Prakash S. Khan B Z, Bundela S. Biology of Oral Cancer Key Apoptotic Regulators by Taylor & Francis Group, LLC 2014.

41. Pillai R, Reddiar K S, Balaram P, Oncogene Expression and Oral Cancer

Journal of Surgical Oncology 1991,47: 102-108.

42. Moustafa A E A Desenvolvimento do cancro oral 2017 Springer International Publishing

43. Gilman AG: Proteínas G e controlo duplo da adenilato ciclase. Célula 1984,36:577-579.

44. Manikandan M, Rao A K D M , Munirajan A K . Níveis alterados de miR-21, miR-125b-2*, miR-134, miR-155, miR-184 e miR-205 no carcinoma de células escamosas oral e associação com caraterísticas clinicopatológicas J Oral Pathol Med 2014 John Wiley & Sons.

45. Manikandan M, Rao A K D M, Arunkumar G etal Oral squamous cell carcinoma: microRNA expression profiling and integrative analyses for elucidation of tumourigenesis mechanism Molecular Cancer 2016,15:28.

46. Xue J, Niu J, Wu J, Wu Z H. MicroRNAs na resposta terapêutica ao cancro: Amigo e inimigo. World J Clin Oncol 2014,5:730-743.

47. Yang W H, Lan H Y, Tai S K, Yang M H. A repressão da proteína morfogenética óssea 4 por let-7i atenua a migração mesenquimal das células cancerígenas da cabeça e do pescoço. Biochem Biophys Res Commun 2013,433:24-30.

48. Murugan A K, Munirajan A K, Tsuchida N. Ras oncogenes in oral cancer: The past 20 years. Oral Oncol 2012,48:383-392.

49. Saunders M A, Liang H, Li W H. Polimorfismo humano em microRNAs e sítios-alvo de microRNA. Proc Natl Acad Sci USA 2007,104:3300-3305.

50. Christensen B C, Moyer B J, Avissar M, et al. Um polimorfismo do local de

ligação do microRNA let-7 no KRAS 30 UTR está associado a uma sobrevivência reduzida em cancros orais. Carcinogénese 2009, 30:1003-1007.

51. Chin L J, Ratner E, Leng S, et al. Um SNP num local complementar do microRNA let-7 na região não traduzida 30 do KRAS aumenta o risco de cancro do pulmão de células não pequenas. Cancer Res 2008,68:8535-8540

52. Kundu S T, Nallur S, Paranjape T, et al. Alelos KRAS: A variante LCS6 30 UTR e as mutações da sequência de codificação do KRAS no painelNCI-60. Cell Cycle 2012,11:361-366.

53. Hoa M, Davis S L, Ames S J, et al. Amplification of wild-type K-ras promotes growth of head and neck squamous cell carcinoma. Cancer Res 2002,62:7154-7156.

54. McDonald J S, Jones H, Pavelic Z P, et al. Deteção imuno-histoquímica dos oncogenes H-ras, K-ras e N-ras no carcinoma de células escamosas da cabeça e do pescoço. J Oral Pathol Med 1994,23:342-346.

55. Bishop J M Molecular Themes In Oncogenesis Cell, 25 de janeiro de 1991, 64:235-246,

56. Witsch E, Sela M, e Yarden Y Roles for Growth Factors in Cancer Progression Physiology (Bethesda). 2010 abril; 25(2): 85-101.

57. Razfar A e Grandis J R Growth Fator Recetor Signalling and Metastasis of Oral Cancer J. Myers (ed.), Oral Cancer Metastasis, Springer Sciences+Business Media, LLC 2010.

58. Yarden Y, Sliwkowski M X Untangling the ErbB Signalling network. Nat Rev Mol Cell Biol 2001,2:127-137.

59. Hynes N E, Lane H A ErbB receptors and cancer:the complexity of targeted

inhibitors. Nat Rev Cancer 2005,5:341-345.

60. Bishop J M. Molecular themes in oncogenesis. Cell 1991,64:235-248.

61. Schantz S P. Basic science advances in head and neck oncology: A última década. Semin Surg Oncol 1995,11:272-9.

62. Chen Z, Ehsanian R, Van Waes C Nuclear Transcription Factors and Signaling Pathways in Oral Cancer Metastasis (Factores de transcrição nuclear e vias de sinalização na metástase do cancro oral). In: Myers J. (eds) Oral Cancer Metastasis.2009;197-229.

63. Williams H K Patogénese molecular do carcinoma escamoso oral J Clin Pathol: Mol Pathol 2000,53:165-172.

64. Sayans M P, Martín J M S, Angueira F B etal. Alterações genéticas e moleculares associadas ao cancro oral de células escamosas (Revisão) ONCOLOGY REPORTS 2009,22: 1277-1282.

65. Alex A. Adjei, Hidalgo M, Intracellular Signal Transduction Pathway Proteins As Targets for Cancer Therapy Journal Of Clinical Oncology review article august 10 2005,23 (23).

66. Blume-Jensen P, Hunter T: Oncogenic kinase signalling. Nature 2001,411:355-365.

67. Futreal P, Kasprzyk A, Birney E, et al: Cancro e genómica. Nature 2001,409:850852.

68. Robinson D R, Wu Y M, Lin S F: A família das proteínas tirosina-quinase do genoma humano. Oncogene 2000,19:5548-5557.

69. Yamaguchi K, Shirakabe T, Hibuya H, et al: Identificação de um membro da

família MAPKK como potencial mediador da transdução de sinal AS TGF-BETA. Science 1995,270:2008-2011.

70. Campbell S L, Khosravi-Far R, Rossman K L, et al: Increasing complexity of Ras signaling. Oncogene 1998,17:1395-1413.

71. Lee W H. Tumour suppressor genes-the hope [editorial]. FASEB J 1993,7:819.

72. Yokota J, Sugimura T. Multiple steps in carcinogenesis involving alterations of multiple tumour suppress genes. FASEB J 1993,7:920-5.

73. Ruddon R W Cancer Biology fourth edition Oxford University Press, Inc 2007.

74. Vogelstein B, Kinzier K W. The multistep nature of cancer. Trends Genet 1993,9:13841.

75. Heinzel P A, Balaram P, Hill B. Mutações e polimorfismos nos genes p53, p21 e p16 em carcinomas orais de mastigadores de betel quid indianos. Int J Cancer 1996,68:420-3.

76. Todd R, McBride J, Tsuji T, et al. Deleted in oral cancer-1 (doc-1) um novo gene supressor de tumores orais. FASEB J 1995,9:1362-70.

77. Todd R, DonoV R B, Wong D T W. A biologia molecular do cancro oral: rumo a um modelo de progressão do tumor. J Oral Maxillofac Surg 1997,55:613-23.

78. Califano J, vander Riet P, Westra W, Nawroz H, Clayman G, Piantadosi S, et al. Modelo de progressão genética para o cancro da cabeça e do pescoço: Implications for field cancerization. Cancer Res 1996,56(11):2488-2492.

79. Gillison ML, Koch WM, Capone RB, Spafford M, Westra WH, Wu L, et al. Evidence for a causal association between human papillomavirus and a subset of head and neck cancers. J Natl Cancer Inst 2000,92(9):709-720.

80. Sidransky D, Hollstein M Clinical implications of the p53 gene. Annu Rev Med 1996,47:285-301.

81. Lee TL, Yang XP, Yan B, Friedman J, Duggal P, Bagain L, et al. Novel nuclear fator- kappaB gene signature is differentially expressed in head and neck squamous cell carcinomas in association with TP53 status. Clin Cancer Res 2007,13(19):5680-5691.

82. Webster GA, Perkins ND Transcriptional cross talk between NF-kappaB and p53. Mol Cell Biol 1999,19(5):3485-3495.

83. Friedman J, Nottingham L, Duggal P, Pernas FG, Yan B, Yang XP, et al. A expressão deficiente de TP53, a função e a sensibilidade à cisplatina são restauradas pela quinacrina no cancro da cabeça e do pescoço. Clin Cancer Res 2007,13(22):6568-6578.

84. Reed AL, Califano J, Cairns P, Westra WH, Jones RM, Koch W, et al. Elevada frequência de inativação de p16 (CDKN2/MTS-1/INK4A) no carcinoma espinocelular da cabeça e do pescoço. Cancer Res 1996,56(16):3630-3633.

85. Rocha S, Garrett MD, Campbell KJ, Schumm K, Perkins ND Regulação de NF-kappaB e p53 através da ativação de ATR e Chk1 pelo supressor de tumores ARF. EMBO J 2005,24(6):1157-1169.

86. Gorgoulis V, Rassidakis G, Karameris A, Giatromanolaki A, Barbatis C,

Kittas C Expressão da proteína p53 no carcinoma espinocelular da laringe e na displasia: Possível correlação com a infeção pelo papilomavírus humano e os achados clinicopatológicos. Virchows Arch 1994,425(5):481-489.

87. Liggett WH Jr, Sewell DA, Rocco J, Ahrendt SA, Koch W, Sidransky D p16 e p16 beta são potentes supressores do crescimento de células de carcinoma escamoso da cabeça e do pescoço in vitro. Cancer Res 1996,56(18):4119-4123.

88. Scholnick SB, Haughey BH, Sunwoo JB, el-Mofty SK, Baty JD, Piccirillo JF, et al. Chromosome 8 allelic loss and the outcome of patients with squamous cell carcinoma of the supraglottic larynx. J Natl Cancer Inst 1996,88(22):1676-1682.

89. Scholnick SB, Richter TM The role of CSMD1 in head and neck carcinogenesis (O papel do CSMD1 na carcinogénese da cabeça e do pescoço). Genes Chromosomes Cancer 2003,38(3):281-283.

90. Pai SI, Wu GS, Ozoren N, Wu L, Jen J, Sidransky D, et al.Mutação rara de perda de função de um gene de recetor de morte no cancro da cabeça e do pescoço. Cancer Res 1998,58(16):3513-3518.

91. Okami K, Wu L, Riggins G, Cairns P, Goggins M, Evron E, et al. Jen J Analysis of PTEN/MMAC1 alterations in aerodigestive tract tumours. Cancer Res 1998,58(3):509- 511.

92. Madrid LV, Mayo MW, Reuther JY, Baldwin AS Jr. Akt estimula o potencial de transactivação da subunidade RelA/p65 do NF-kappa B através da utilização da quinase Ikappa B e da ativação da proteína quinase activada por

mitogénio p38. J Biol Chem 2001,276(22):18934-18940.

93. Amornphimoltham P, Patel V, Sodhi A, Nikitakis NG, Sauk JJ, Sausville EA, et al. Mammalian target of rapamycin, a molecular target in squamous cell carcinomas of the head and neck. Cancer Res 2005,65(21):9953-9961.

94. Pernas FG, Allen CT, Winters ME, Dabir B, Bagain L, Saigal K, et al. Proteomic signatures of epidermal growth fator recetor and survival signal pathways correspond to Gefitinib sensitivity in head and neck cancer. Clin Cancer Res 2008,15(7):2361- 2372.

95. Raia V, Mukherjeeb R, Ghosh A K et al. "Omics" in oral cancer: Novas abordagens para a descoberta de biomarcadores. J Archives of Oral Biology 2018,87:15-34.

96. Zhong LP, Chen GF, Xu ZF, Zhang X, Ping FY, & Zhao SF. Deteção da atividade da telomerase na saliva de pacientes com carcinoma de células escamosas oral International Journal of Oral and Maxillofacial Surgery 2005,34(5), 566-570.

97. Jiang WW, Masayesva B, Zahurak M, Carvalho A L, Rosenbaum E, Mambo, E.et al. Aumento do conteúdo de ADN mitocondrial na saliva associado ao cancro da cabeça e pescoço. Clinical Cancer Research, 2005,11(7), 2486-2491.

98. Viet CT, & Schmidt B L. Methylation array analysis of preoperative and postperative saliva DNA in oral cancer patients. Cancer Epidemiology Biomarkers & Prevention, 2008,17(12):3603-3611.

99. Park NJ, Zhou H, Elashoff D, Henson BS, Kastratovic DA, Abemayor E, et

al. MicroRNA salivar: Discovery, characterization, and clinical utility for oral cancer detection. Investigação Clínica do Cancro, 2009,15(17):5473-5477.

100. Hung KF, Liu CJ, Chiu PC, Lin JS, Chang KW, Shih WY.et al. A regulação positiva do MicroRNA-31 prevê um risco acrescido de progressão de doenças orais potencialmente malignas. Oral Oncology 2015.

101. Duz MB, Karatas OF, Guzel E, Turgut NF, Yilmaz M, Creighton C. J, et al. Identificação de miR-139-5p como um biomarcador de saliva para carcinoma de células escamosas de língua: um estudo piloto. Cellular Oncology, 2015,1-7.

102. Dahse R, Fiedler W, Von Eggeling F, Schimmel B, Koscielny S, Beleites E.et al. P53 genotyping-an effective concept for molecular testing of head and neck cancer. International Journal of Molecular Medicine, 1999,4(3):279-362.

103. Ralhan R., Agarwal S, Nath N, Mathur M, Wasylyk B, & Srivastava A. Correlação entre mutações do gene p53 e anticorpos circulantes na população do norte da Índia que consome betel e tabaco. Oral Oncology, 2001,37(3):243-250.

104. Reis PP, Rogatto SR., Kowalski LP, Nishimoto IN, Montovani JC, Corpus, G et al. Quantitative real-time PCR identifica uma região crítica de deleção em 22q13 relacionada com o prognóstico do cancro oral. Oncogene, 2002,21(42):6480-6487.

105. Shi W, Yang J, Li S, Shan X, Liu X, Hua H.et al. Potencial envolvimento do miR-375 na progressão pré-maligna do carcinoma espinocelular oral mediada

pelo fator de transcrição KLF5. Oncotarget, 2015,6(37):40172-40185.

106. Saad MA, Kuo SZ, Rahimy E, Zou AE, Korrapati A, Rahimy M.et al. MiR-30a e miR-934 desregulados pelo álcool no carcinoma de células escamosas da cabeça e pescoço. Cancro Molecular, 2015,14(1):1.

107. Hegde PS, White IR, & Debouck C. Interação entre a transcriptómica e a proteómica. Current Opinion in Biotechnology, 2003,14(6), 647-651.

108. Li Y, John MAS, Zhou X, Kim Y, Sinha U, Jordan R. C.et al. Salivary transcriptome diagnostics for oral cancer detection. Clinical Cancer Research, 2004,10(24):8442- 8450.

109. Jordan RC, Macabeo-Ong M, Shiboski C. H, Dekker N, Ginzinger DG, Wong DT.et al. A sobreexpressão do mRNA da metaloproteinase-1 e-9 da matriz está associada à progressão da displasia oral para cancro. Clinical Cancer Research, 2004,10(19):6460- 6465.

110. Zimmermann BG, Park NJ, & Wong DT. Genomic targets in saliva. Anais da Academia de Ciências de Nova Iorque, 2007,1098(1):184-191.

111. Blekherman G, Laubenbacher R, Cortes DF, Mendes P, Torti F M, Akman S, et al. Ferramentas de bioinformática para metabolómica do cancro. Metabolómica, 2011,7(3):329-343.

112. Elashoff D, Zhou H, Reiss J, Wang J, Xiao H, Henson B. et al. Prevalidação de biomarcadores salivares para deteção de cancro oral. Cancer Epidemiology Biomarkers & Prevention, 2012,21(4):664-672.

113. Siow M, Karen N L, Vincent Chong V, Jamaludin M, Abraham M, Abdul Rahman Z, et al. A desregulação da expressão de miR-31 e miR-375 está

associada a resultados clínicos no carcinoma oral. Oral Diseases, 2014,20(4):345-351.

114. Ye H, Yu T, Temam S, Ziober BL, Wang J, Schwartz JL, et al. Dissecção transcriptómica do carcinoma de células escamosas da língua. BMC Genomics, 2008,9:69.

115. Kozaki K.i, Imoto I, Mogi S, Omura K, & Inazawa J. Exploração de microRNAs supressores de tumores silenciados por hipermetilação do ADN no cancro oral. Cancer Research, 2008, 68(7):2094-2105.

116. Lodi G, Franchini R, Bez C, Sardella A, Moneghini L, Pellegrini C.et al. Deteção do ARNm da Survivina na mucosa oral saudável, na leucoplasia oral e no cancro oral. Oral Diseases, 2010,16(1):61-67.

117. Russell C, Rahman A, Mohammed A R. Aplicação da genómica, proteómica e metabolómica na descoberta, desenvolvimento e clínica de medicamentos. J therapeutic Delivery 2013,4(3):395-413.

MIX
Papier aus verantwortungsvollen Quellen
Paper from responsible sources
FSC® C105338

Printed by Books on Demand GmbH, Norderstedt / Germany